近现代建筑遗产
保护与再利用实践

中国建筑东北设计研究院有限公司
老办公楼修缮全记录

任炳文　主编

中国建筑工业出版社

图书在版编目（CIP）数据

近现代建筑遗产保护与再利用实践：中国建筑东北设计研究院有限公司老办公楼修缮全记录 / 任炳文主编. —北京：中国建筑工业出版社，2023.10
ISBN 978-7-112-29146-5

Ⅰ.①近… Ⅱ.①任… Ⅲ.①办公建筑—古建筑—修缮加固 Ⅳ.①TU-87

中国国家版本馆CIP数据核字（2023）第173323号

责任编辑：费海玲　　陈小娟
文字编辑：张文超
书籍设计：锋尚设计
责任校对：王　烨

近现代建筑遗产保护与再利用实践
中国建筑东北设计研究院有限公司老办公楼修缮全记录
任炳文　主编
＊
中国建筑工业出版社出版、发行（北京海淀三里河路9号）
各地新华书店、建筑书店经销
北京锋尚制版有限公司制版
北京富诚彩色印刷有限公司印刷
＊
开本：889毫米×1194毫米　1/20　印张：10　插页：2　字数：240千字
2023年12月第一版　　2023年12月第一次印刷
定价：**98.00**元
ISBN 978-7-112-29146-5
（41877）

近现代建筑遗产保护与再利用实践
中国建筑东北设计研究院有限公司老办公楼修缮全记录

编委会

主　　编：任炳文
副 主 编：陈思源
文字校核：陈志新　杨海荣　刘国银
参编单位：中国建筑东北设计研究院有限公司
　　　　　沈阳建筑大学
　　　　　辽宁省建设科学研究院有限责任公司

修缮设计人员名单

总负责人： 任炳文　乔　博

建筑设计： 陈志新　乔　博　刘成钰　龙晓涛　邓　可　闫力争　崔铁林　陈思源

结构设计： 吴一红　陈　勇　郑孝党　赵　爽　王　全

给水排水： 金　鹏　孙识昊　曹　威

暖通设计： 侯鸿章　刘晓晖　王征宇　金　翊

电气设计： 郭晓岩　杨红军　汪　扬　郑小幢

电讯设计： 郭晓岩　李朝栋　朱俊男　钟永康

标识设计： 朱　庆　唐宗涛　唐雪妮

景观设计： 陈永珍　彭　鑫　李明键

灯光设计： 田　丰

文保设计： 陈伯超　贾德海　刘思铎

文物修缮工程项目信息

项目名称： 中国建筑东北设计研究院有限公司老办公楼保护性修缮
项目地点： 辽宁省沈阳市和平区光荣街65号
竣工时间： 2022年11月29日
业　　主： 中国建筑东北设计研究院有限公司
基地面积： 1692.1m²
建筑面积： 6229m²
结构形式： 砖混结构
设计单位： 中国建筑东北设计研究院有限公司
文保设计： 沈阳建筑大学设计集团有限公司
标识设计： 深圳市问道标识有限公司
检测单位： 辽宁省工程质量检测中心
　　　　　　沈阳建筑大学设计集团有限公司
　　　　　　北方测盟科技有限公司
　　　　　　沈阳城科工程检测咨询有限公司
　　　　　　沈阳宜地科技有限公司
建筑测绘： 中国建筑东北设计研究院数字化设计研究院
施工单位： 中国建筑东北设计研究院有限公司
建筑摄影： 上海之马广告有限公司

序一

公与私·外与内·保与用

——我院老办公楼修缮之随想

长达60年不舍深情

东北院老办公楼建成于20世纪中叶，在建成后的第八年，我和同班同学一批人在大学毕业后经统一分配到东北院工作。记得那是1962年10月10日，我们从沈阳南站下火车，再乘环路公交车到南湖站下车，第一次见到坐落在方型广场东侧北端的带有传统大屋顶的多层办公楼。没想到，它从此伴随着我走过漫漫长达一个甲子的职业生涯，它见证了我的成长与成熟，我的种种失败与成功，以及无数次的痛苦与欢乐，渐渐成为我不离不弃、难舍难分的"家"。同样，我也见证了它八岁以来的内外容颜变迁，蹉跎岁月带给它的磨损和伤害。慢慢地、慢慢地我陪它一起变老……

业界与社会逐渐认可

当初对老办公楼的印象有好感但并不强烈。因为求学期间，在首都北京已经见惯了无数规模巨大和质量上佳的传统大屋顶的现代写字楼。有这种对比的感受是很自然的，就单体建筑而言，老办公楼确实有不小的差距。

后来因工作需要常到外地出差，去了不少北京以外的大中城市，见到不少类似的带有民族形式大屋顶的建筑，我院老办公楼真是别有风味，毫不逊色。

站在方型广场仔细端详，你会发现它的"五段式"立面造型，比例尺度协调大气，对于传统建筑符号的运用繁简适度、点到为止，成为方型广场举足轻重的最佳界面。单体建筑与城市公共广场相互成全，彼此大大提升在沈阳城市环境中的突出地位。

我曾分别到访许多兄弟设计单位办公楼，例如华东、中南、西南和西北等设计院，它们都未能如东北院这般有着神气十足的城市公共广场环境作为衬托，这让我感到无比自豪！

到了2009年，为了迎接中华人民共和国成立60周年，中国建筑学会决定要嘉奖全国各地在这60年期间所建成的优秀建筑作品，平均每年5项，共计300项。我院闻讯毫不犹豫将老办公楼和其他一批优秀建筑作品申报上去，经专家评审，我院6项作品入选"建筑创作大奖"，老办公楼是其中4项原创作品之一。随后，2015年我院办公楼入选"沈阳市第二批历史建筑（二类）"，2020年我院又被评选为沈阳市"市级文物保护单位"。

从修缮实践寻找规律

从建成到后来数十年的使用，我院设计工作人员倍增，原有6000平方米建筑面积的老办公楼已不堪重负。2000年前后，曾有两任院长先后向我询问老办公楼能否加层扩建或推倒拆除新建。我当时毫不犹豫地回答："老办公楼是我院的形象代表，也是我们东北院人的历史记忆。把它留给我们的后辈又何尝不是件好事？大院里有的是地方，要扩建就放在院内吧。"他们想了想有一定道理，也就作罢。

到了2006年，冯晓明院长委托我对院区作规划设计，我用半年时间完成了一个保留老办公楼，并在院区周边新建职工住宅的围绕中，安排一套远离城市喧嚣的多层写字楼系统的设计方案。遗憾的是，由于资金等内外因素问题，最后不了了之。

好在到了2017年，事情有了转机。经过院领导的努力，我们与华润集团合作，这样既可以新建高层写字楼，又投入足够的资金修缮老办公楼。

下面我想就修缮建筑遗产的尺度把握等问题，谈谈自己几点不成熟的想法，以求抛砖引玉。

1 保形式与用功能

形式与功能，这是建筑领域永恒的主题，遗产修缮概莫能外。为叙述简化，现仅以我院老办公楼为例。

城市中的单体建筑具有双重属性：它既是城市的细胞——公共属性，又是企业单位——民用建筑私有属性。而所要"保护"的是属于城市公共领域的外部造型、色彩质感，而要再"利用"的是其内部空间的功能设施。可用下列链条表示：

公——外——形式——保护

私——内——功能——利用

从重要性来讲，前者大于后者。

从关注点来讲，保护的是前者的全部和后者部分的"内"，利用的则全是后者。

从控制度来讲，前者严于后者。

2 最小干预的减与加

无论是保护还是利用，都有一个对历史遗产的最小干预要求。所谓干预的减与加，其实是面对建筑周边环境或建筑本身的种种"遗失"，所采取的两种相反策略："减"倾向于对比，强调识别性；"加"则倾向于协调，强调整体性。而我取折中态度，即"跟历史保持距离"。具体做法是不在"建筑符号"上做文章，而是在材料、色彩、质感上下功夫。如我在2003年到2006年的北京二中校园改扩建工程中采用的方法，该工程紧邻传统四合院保护区，这样的处理反响还不错。

触景生情与生疑

不管采用何种方法，对比、协调还是折中，目标是还原初始状态。如何判断真伪好坏，很难在理性上得出准确而肯定的答案。其实最简单的办法还不如从感性上下手，比较直观痛快。那就是询问经历过原真状态的见证者，他们最有话语权，让他们亲临现场观察体验，是"触景生情"还是"触景生疑"就会立见分晓，而那些负责监督管理的后来者是体会不到的。

3 心里内疚和遗憾

老办公楼的修缮过程，特别是清理外墙水刷石上残留的污垢，那么艰难，不得不让我回想起二十多年前的一段日子。有一天院里负责后勤的处长找我说："应城市管理部门的要求，大楼外表需要粉刷美化，施工人员和喷涂材料都已就位，院领导非常重视，特请你协助调色。"我的第一反应是这不合适，涂料和水刷石的质感是两回事。但想到此事已不可推迟必须进行，又不能让工人随意乱刷，我把刘泽生喊来，共同仔细观察水刷石表面所呈现的微弱色泽，在墙上预刷出一块样板，待定稿后再作大面积施工。周末休息，没想到周一上班一看，全部上墙已是既成事实。当即有一退休老职工曹长松就给我打电话，提出了意见。遗憾的是，水刷石墙面的真颜已被永远掩盖，回不来了，……

说到遗憾，是在老办公楼修缮初期，院里组织各专业负责人到现场察看。待走到四、五层大屋顶之下，生平第一次看到如此美丽动人的木屋架构成！心想如果保留下来，不用吊顶掩盖，岂不是修复工程一大亮点？也给20世纪50年代对大屋顶建筑进行批判时所扣上的"浪费建筑空间"的罪名平反？然而想法虽好，但已经晚了，晚了……

最后，我要说的是，老办公楼比我幸运。由设计和施工团队的通力合作，经历五年来的艰难拼搏，它终于焕发了青春，重新呈现在方型广场，向世人表明它健康有力的存在感，为沈阳市和东北院继续发挥它应有的作用和贡献。希望它去见证那二十多年后，我院再创辉煌的百年华诞！

谢克良

二〇二三年十二月于沈阳

序二　情感与原则的结晶

这是一个令人瞩目的工程。无论于公还是于私，东北院老办公楼保护性修缮都令我焦虑地期待着一个完美的结果。于公，当它在十几年前被评为"中国建筑学会建国60周年建筑创作大奖"时，作为评委之一的我，看到来自全国的评委对它的一致认可，众星捧月地把它推上了业界圣坛，而成为沈阳城一张闪光的名片，成为中国建筑将永恒传承下去的一抹辉煌，我无比自豪。于私，正是它记载着我的青葱时代，相互伴随着走过充满荆棘与振奋的人生之旅。如今我们都难逃老迈，需要为之注入新的能量，焕发新的青春。终于等来了！随着东北院人兴奋地重新搬回这座"圣殿"，我们为它成功地经历了这一通手术波折而再现活力，倍感欣慰。

此前，它所面临的，也是最令人担忧的是对于四对矛盾的权衡与化解。这四对矛盾是，历史建筑保护真实性与可识别原则的贯彻与调整、保护与使用目标的差异与统一、保护法规与设计规范的冲突与严守、单体与组群关系的和谐与强调。项目成果恰恰显示出对这四个问题的清晰解答。

在建筑遗产保护的一系列原则中，最基本的两条原则是真实性原则和整体性原则。其他原则皆由二者衍生。而真实性原则又是保护工作中人们的共识，且挂在嘴边的"基本法"。那么，何为"真实"？是建筑遗产的初始状态，还是当前状态？这未必说得清楚，也难有共识。不过，将"真实性"解释为"原真性"的时候，似乎已经有了倾向性的解答。"原真"，当以"原"为真。事实上，在大多情况下，这种理解恰恰是偏颇的。让我们看看那些人们最引以为傲的建筑遗产保护典范：古罗马斗兽场、圆明园遗址、雅典卫城，甚至维纳斯雕像……都是以当前残缺的状态作为保护的根本基调。因为，果真将它们修复如初，谁又能确保何为"初"呢？手中可作依据的资料所限、当年的材料与技术手段所限、建造条件的时代性所限……使得遗产"复原"反倒可能造成对遗产的破坏。历史上不乏有志向的艺术家曾试图为维纳斯恢复失去的双臂，可是在反复地尝试之后，他们达成共识，维持现状才是原真，装上假肢的维纳斯反而难以体现历史的真实。固然，原则皆非绝对，具体情况具体分析至为重要。我们应该理解和坚定贯彻的是原则的本质，使保护建筑遗产真实性这一点不仅挂在嘴边，更重要的是体现在保护工程的每一个环节之中。

可识别原则指的是建筑遗产后期维修或改造过程中新加建的部分，应具有可识别性，使新与旧得到明显的区分。它是从真实性原则之中衍生出来的一条原则。所谓"新加建的部分"，当然是指建筑

（a）西班牙圣弗朗西斯修道院

（b）德国德累斯顿军事历史博物馆

（c）加拿大皇家安大略博物馆

（d）德国汉堡易北河爱乐音乐厅

图1　国外遗产修复将新旧建筑融为一体的部分案例

遗产原来没有的内容。至于原有的已遭损毁部分，是否需要重新将它复原，又是否需要"可识别"呢？这又回到了之前的问题之中，首先应讨论的还是要不要复原。至于在复原时如何去做，梁思成先生提出过一条大家耳熟能详的规则："整旧如旧"。于是，很多人以"修旧如旧"作为对建筑遗产原状恢复的依据。且不知梁先生后来专门就"整旧如旧"与"修旧如旧"做过区分，意在强调他是针对古建修缮时刻意追求"焕然一新"的效果而提出的反对意见，并不是对古建维修改造所提出的一般性原则。人们在这一点上对他的初衷产生了误解，所以梁先生仅以"整"和"修"来区别和阐释二者的不同。那么，为什么要提出"可识别"的要求呢？目的在于令"原真部分"与后来做的"假的部分"具有明显的区别，以避免"以假乱真"。事实上，将后来所谓的"假的部分"做得越真，对真的部分的负面影响就越大，实则是对遗产的破坏。所以说，可识别原则与真实性原则是一致的。如果从设计手法角度分析，达到真实效果靠的是复制、模仿——以协调为主。而要做到可识别，要依靠对比的手法，如以钢对木、以虚对实、以简对繁、以现代对传统……至于对比的强弱程度，则随具体条件，也随设计师的理念和手法，并无定法。一般而言，外国设计师更倾向于强烈对比，大多应用强烈的对比手法，令新建部分与原始部分区别分明，给人以强烈的视觉刺激（图1）。而中国设计师的作品更趋于柔和，大概是传统中庸文化长期熏陶的结果吧，即使新老建筑特点明晰，又注重它们的和谐相融。其实，这更符合建筑遗产保护的另一条基本原则——"整体性原则"的精神（图2）。

东北院老办公楼修缮与改造设计，严格地控制老楼的外观效果对局部病害整旧如旧，使它完好地保持历史原貌。将新建办公楼作为老办公楼的背景，采用简洁而现代的设计手法，衬托并突出老楼的地位与特点。室内拆除了以往各个部门为适应各自的工作需求而自行添加的、随意性较强的间壁与装修，完全按照原设计档案所示进行调整，整体上再现了历史的空间划分、室内装修与建筑风格。为满足现代办公要求所增设的电梯、卫生间、会议室等设施，采用了具有现代感的材料和设计手法，使它们与历史原物有所区别，又使新与旧之间相互协调，和谐相处，保持了建筑设计的一体性和整体感。

在建筑遗产保护项目中，保护历史信息和适应新功能设计也是经常会遇到的矛盾和课题。建筑遗产的再利用，不仅是从经济角度提出的要求。建筑，如果失去社会价值仅靠小心翼翼维持和不间断治疗地生活，同人一样都会失去活力，寿命将尽。赋予它们以新的责任，新的功用，才是为它们注入新的活力的途径，也才是积极的保护态度与方式。问题在于，不能保证给建筑遗产所赋予的新功能仍是它原有功能的延续，更多的情况下需要它来承担与当初功能完全不同的新用途。不同功能必然对建筑提出不同的空间和设施需求，因此，也必然会对原真性保护提出调整与改造。这个问题几乎会出现在所有待保护与利用的建筑面前。建筑性质改变越大，对原真性的存疑也就越大，二者往往难以双全。唯一的办法就是相互迁就，权衡利弊，探寻影响最小，又尽可能不使二者本质属性受损的途径和办法。于是，又附加了最小干预、可识别等原则。不过有一条原则是必须坚持的，那就是在保护和利用之间，保护永远是第一位的。

（a）沈阳东贸库改造项目

（b）中共满洲省委旧址博物馆

（c）沈阳七星山塔设计

（d）上海章堰文化馆

图2　中国建筑遗产修复中
"整体性原则"体现案例

如果新功能的实现必须以建筑遗产的基本价值或本质属性受到损失为代价，那么就只能调整对建筑新功能的选择。还有一点也是必须明确的，如果对老建筑再利用的想法仅仅是出于经济方面的考虑，而非缘自对建筑保护的目的，也是不可取的。对既有建筑的修缮、改造，未必比推倒重建更省钱，甚至相反，可能投入会更多。我们必须认识到，历史不能重造，建筑遗产是无价的。对它们的保护本来就需要经常性地投入，赋予它们以新的功用，既是经济开源之策，更是文化保护之需。

幸运的是，东北院老办公楼维修改造后的功能并未发生本质的改变，没有因新功能植入而带来对建筑大规模的调整。设计所面临的问题，仅仅是因办公环境质量要求的提升进行的适当调整和改造。设计单位很好地把握了保护性改造的原则，采取了恰当而科学的技术措施，使保护与利用得到了完美的统一。

建筑遗产保护与建筑设计目前各自都有完备的法规体系。然而，这两套体系分别建立在各自领域的基础之上，二者缺乏统一性，甚至经常会出现原则上的碰撞。建筑遗产存活的不可逆性，要求对其保护容不得半点瑕疵；建筑设计的安全性等要求，涉及人的生命与财产安全等一系列重大问题，同样不容破格。因历史原因造成的先天缺陷，经常使得它们之间的矛盾甚至没有权衡的余地。这种问题，只能依靠设计师的才智和技巧以及无私的责任承担精神，进行人为破解。重要的一点是，设计师要提高站位，立足于全面审视两套法规与设计条件的高度，避免仅从某一角度出发的片面思考，而把问题做成了死结。还应该从两套法规的内涵作深层次的理解，避免局限于对规范文字层面上的认识。如此才能抓住法规的本质要素，作必要和适当的放宽，使死结变为活扣。设计师也要有高超的设计方法和解题技巧，尽量化解和降低损失，甚至能够化不利为特色，成为激发创造性的闪光点。当然，根本的解决办法，还有待两套法规系统的协调与统一，以及尽快形成能够涵盖保护与利用多方要求的法规体系。也有待相应的技术进步，为之创造可互为融合的技术保障。东北院老办公楼项目在保护与利用的矛盾不算尖锐，有一定难度的建筑防火、结构受力、室内外装饰施工等难点问题，都凭借设计师高度的责任心和娴熟的职业技能，有效地化解，并取得了较好的效果。使得该项目成为改造领域的样板工程。希望我们的城市文化得以精心的呵护和尽情的释放，让东北院的老办公楼为我们的城市尽添华彩。

建筑遗产的保护，不仅是将它们尽量长久地存留下来，更应将它们作为人类文化成就的记忆展示在当今的社会生活之中。所以，一般说来，作为文化珍宝的它们，应该以主体角色出现在城市环境之中。对于那些至今仍能在城市中扮演重要角色者，应持久并精心地为它们创造条件，使它们永葆风华。特别是对那些已经淹没在高楼大厦之中，完全失去了社会地位，甚至几乎被剥夺了在城市中的容身之地者，更需要在城市规划中给予特殊的关照，设法使它们重新获得尊严。东北院老办公楼作为城市中为数不多的重点文物保护单位，得到了高度的重视。然而，即使如此重要的建筑遗产，在经济利益的趋使下，它原本的重要身份和文化价值也难免有所削弱。在身边新建的高大建筑对比之下，其原有的"宏伟""壮观"在客观上已是难以复原。

　　从东北院老办公楼改造利用设计的成功中，我们看到了设计精英们，以其坚守中华文明的初心，对传统文化的深厚情感，在深刻理解并严格遵守建筑遗产保护的理念和法规的基础上，用精湛的设计技艺，献上了又一力作。

二○二三年二月于沈阳

序三　历史传承臻作　崭新时代序幕

在沈阳市和平区光荣街65号，焕然归来的"传统与现代"结合的中建东北院老办公楼在城市中央重新绽放光芒，"她"不仅仅是一座熔古铸今的建筑作品，更是代表一段极具韵味的历史追忆，一种流淌岁月长河的浓郁情怀。

思绪回到2022年11月20日，刚刚结束在延安的专题培训，许是因缘际会，作为学员第一次濡染由东北院老院长毛之江设计的"红色地标"延安大礼堂的伟岸宽厚，我便领悟，伟大建筑与红色基因的渊源，与承载使命的初心，与休戚与共的缘分一样，久远难断、刻骨铭心。延安的丰碑，辉耀到沈阳，带着情感共鸣回沈最后一次项目检验。当看见深夜老办公楼里灯火通明，建设者们星火成炬，我深知，这座建筑才是东北院人的故土，这深厚文韵才是东北院人的根魂，更有多少先辈"生于斯，长于斯，终老是吾乡"。

历史，辉煌璀璨

1954年孟冬十月，秋叶正燃，东北设计院老办公楼圆满乔迁，为百年宏业奠定新基。这是座砖混结构的中国传统坡屋顶建筑，兼具中西结合的建筑风格和新中国成立初期的时代特色，总体形象格调严谨、比例完美、线条挺拔、风格创新，展现出建筑师深厚的创作功底和勇毅的创新精神，是国内办公建筑首屈一指的杰作。这时的沈阳，作为"共和国的长子"辽宁的省会，是中国工业现代化的起点，而这座办公楼正是以这样庄重大气、精神抖擞的姿态，展示了新中国的崭新风范，自此成为沈阳文化的标志和城市的表情，也在建筑形式方面具有深刻的借鉴意义。在相当长的一段时间里，"她"光彩照人，熠熠生辉，伴随着企业发展的红红火火和风风雨雨、艰难曲折与高歌猛进，这个丰富、醇厚、独特的过程，已然温情融入在城市的肌体，铸就着东北院的人文品格。2017年10月，已经被评定为沈阳市第二批历史建筑的老办公楼刻上时代的意义，我们暂时整体搬离了这座65年与东北院人长情陪伴的大楼，"她"将在万众瞩目中"荣耀再现"。

当下，匠心传承

为了让梦想照进现实，呈现"她"修葺一新后大气稳重、精巧绝伦的样子，我们接过时代赋予的使命责任，费尽心思，历尽风雨，最终敲定东北院地块建设方案，为设计师们施展才华、寄托情感营造广阔空间。此时，在以炳文为首的设计师们勇担重任，用匠心传承经典，用品质铸就卓越，开启一段充满挑战的历史建筑修缮实践。在设计师对于一砖一瓦、一梯一窗、一梁一墙近乎苛刻的要求下，在建设者们夙兴夜寐、不辞辛劳，在寒来暑往中历时两年，终于在东北院成立70周年之际，东北院人荣归故里，在朝思暮想的期盼中掀开修缮后的老办公楼和院史馆的神秘面纱。重新启用的老办公楼又恢复了昔日的繁忙，当置身于恢宏的建筑大堂，踱步于复古楼梯，领略于艺术装饰，徜徉于学术客厅，这是东北院人最大限度感怀历史、尊重艺术的结果，这是东北院人保护文脉、继承创新的结果，这是东北院人贯彻落实可持续发展理念、探索绿色建筑新美学的结果。焕然新生的"她"，默默珍藏着过往的成就与辉煌，静静诉说着院史馆中澎湃的征程故事。此时此刻，"她"成为了历史生动的亲历者、讲述者和传承者。

未来，鲲鹏展翅

如今，沉雄古逸的老办公楼与现代城市建筑同框辉映，犹如东北院深厚底蕴与革新发展的古今碰撞，在时代元素和谐并存中不断升华。2023年，我们借助了投资力量，激发了蓬勃动能，为构建以设计引领投资、以投资赋能设计的"设计投资+"集团公司开辟了新起点。此时，故园新貌的"她"，以精神家园的无穷力量滋养我们勇毅前行的底气，夯实高质量发展的根基，正式吹起踏上新征程的奋进号角。承先辈之精神，创吾辈之未来，这一艰巨使命激励我们许下建院百年将"她"打造为国内一流、国际知名的设计企业的铮铮誓言；绘就"创建以设计为龙头，集投资、建设、运营于一体的城市综合服务商"的美好愿景。"她"作为"总部"的代名词，将引领我们坚定扎根建设好全产业链要素集成、科研创新成果运用的基地引擎，辐射培养加速发展、服务高端市场、拓展国际化视野的理想土壤，致力塑造融合发展的新示范、创新创业的新平台和高端人才建设的新高地，为再创东北院的时代辉煌增添更多内涵！

"她"在前方！路在脚下！我想，从这本书里我们会跨越历史、读懂匠心、萌生希望。我们是一代追梦人，必将实现百年名家的奋斗目标，志在千秋，不负众望！

二〇二三年十二月于沈阳

前 言

改革开放以来，我国城镇化建设取得重大进展，城镇化水平得到大幅的提升。以"存量提质"为主的高质量城市更新正逐步取代以往的快速"规模发展"，成为当前时期城镇化进程可持续推进的必然选择。这不仅关乎城市建设模式的巨大转变，对我国未来"双碳"目标的实现，同样有着重要的意义。

城市大量建设活动带来对建筑材料的迫切需求，由此导致的工业能耗与碳排放增长不容忽视。据统计，2013至2021年间，我国工业能耗中近40%来自建筑业相关材料的生产[1]。以2020年为例，仅建材生产阶段碳排放就占据了全国碳排放总量的28.2%。此外，加上建筑运行、建造施工、拆除处置等阶段，建筑业全过程碳排放共计50.8亿t[2]，共同构成了全国碳排放总量的半壁江山。就城市更新速度而言，其发展势头依旧正盛。2020年受疫情影响城市各项建设活动相对延缓。但伴随国内形势的好转，2021年民用建筑竣工面积又再次迅速恢复至之前40亿m²以上的水平，与2007年的20亿m²相比提升了一倍。同时，城镇建筑的年均拆除面积也由2007年的7亿m²增长至目前的每年16亿m²左右[3]。照此推算，我国每年由此产生非必要建筑垃圾将在10亿t以上，造成的潜在经济损失高达1.4万亿元。此外，拆除后的大量重复建设，还将进一步带来年均2.88亿t水泥及0.86亿t钢铁等额外建材消耗，共计催生4.18亿t额外碳排放增量，占全国建筑业碳排放总量的8.2%，构成巨大的生态经济负担[4]。

目前，我国仍处在城镇化进程的快速发展阶段，然而在越来越强调绿色高质量发展的今天，单纯的"规模发展"方式已然难以为继。为确保未来"双碳"目标的稳步实现，推进城市更新的有序实施，2021年国务院印发了《2030年前碳达峰行动方案》，对推进城乡建设绿色低碳转型做出了明确的

---

① 清华大学建筑节能研究中心. 中国建筑节能年度发展研究报告2023（城市能源系统专题）［M］. 北京：中国建筑工业出版社，2023：21.

② 中国建筑节能协会建筑能耗与碳排放数据专委会. 2022中国建筑能耗与碳排放研究报告［R］. 重庆，2022：2.

③ 清华大学建筑节能研究中心. 中国建筑节能年度发展研究报告2023（城市能源系统专题）［M］. 北京：中国建筑工业出版社，2023：3.

④ 中国建筑科学研究院. 建筑拆除管理政策研究［R］. 北京，2017.

要求。同年，住房和城乡建设部也发布了《关于在实施城市更新行动中防止大拆大建问题的通知》，除强调应严格控制大规模拆除、增建等问题外，还严格规定了"不随意迁移、拆除历史建筑和具有保护价值的老建筑"，"加强厂房、商场、办公楼等既有建筑改造、修缮和利用"等具体事项。此后，中共中央办公厅与国务院办公厅又联合印发了《关于推动城乡建设绿色发展的意见》，其中再次明确指出要"加强城乡历史文化保护传承"，"推动历史建筑绿色化更新改造、合理利用"，旨在从根本上扭转"大量建设、大量消耗、大量排放"的建设方式，促进经济社会发展全面绿色转型，为全面建设社会主义现代化国家奠定坚实基础。文中虽未明确提及"近现代建筑遗产"等专业词汇，但在当今加快生产生活方式绿色转型的时代背景下，加强对近现代建筑遗产的科学保护与妥善利用，可谓正当其时。作为建成时间较短且现存于世的既有建筑，绝大多数近现代建筑遗产仍具备良好的使用功能，加之本身固有的历史、文化价值，若能施以有效的修复利用，实则是为当前时期城镇化进程的可持续推进开辟了新的方向与思路，不失为一项极具智慧的发展方式。

中国建筑东北设计研究院有限公司老办公楼便是其中颇具代表性的典型项目。它设计建成于1954年，自建成之日便长期保持其总部办公大楼的功能沿用至今，并仍将在修缮完成后得以延续。故此，本着"尊重历史"与"活化利用"并重的保护态度，本次修缮工程除常规性的结构补强与风貌复原外，还对其节能保温、消防安全、使用功能等方面做出针对性的改造升级，其宗旨正是让老建筑能够更好地活在当下、走向未来。据估计，修缮后的办公楼，其年供暖能耗约为30.42kWh/m²，再加上照明、制冷等设备能耗，共计折合一次能源消耗29.35kgce/（m²·a）[1]，远低于目前我国公共建筑平均能耗强度［39.40kgce/（m²·a）］[2]。与新建同等规模办公建筑相比，修缮再利用的发展方式实则更具节能降碳优势。

本书作为中国建筑东北设计研究院有限公司老办公楼保护与再利用实录，对其立项背景乃至修缮设计、施工的全过程做了较为详尽的记载。全书共分五个篇章，分别为概述篇、调查篇、修缮篇、技艺篇与图版篇，是笔者通过历史调查、文献查阅、访谈记录等方式，并结合自身修缮设计经历所做出的资料汇编。望以本书的出版，为近现代建筑遗产的保护与再利用工作提供些许理论支撑或实践经验，并能唤起更多有识之士的建筑遗产保护意识，激发新的发展理念，为我国未来城市更新工作的科学推进做出有益的贡献。

---

① 作者依据Design Builder软件模拟分析得出，详见正文节能相关内容。
② 清华大学建筑节能研究中心. 中国建筑节能年度发展研究报告2023（城市能源系统专题）［M］. 北京：中国建筑工业出版社，2023：12.

目　录

第一章　概述篇

中国建筑东北设计研究院有限公司老办公楼是孕育新中国民族匠心的摇篮，这里走出了一代又一代优秀的建筑师与工程师。它诞生于20世纪50年代，也曾引领当时的建筑风尚，更见证了共和国长子的发展变迁。然时过境迁，它已默默度过六十余载风雨。虽芳华褪尽，但饱经风霜过后，却也沉淀出一个时代共同的记忆。2017年，全体东北院人自楼内迁出，它开始为期五年的修缮历程。如今，人们重返家园，欢呼雀跃，再次迎接它的"新生"。时间仿佛又回到了1954年的那个初冬，人们也曾仰望眼前的这座"圣殿"，亦如今夕这般悬悬而望、翘首企盼。只是这次，他们满载着建筑强国的梦想，再度扬帆！启航！

第一节 办公楼建筑概况

1954年，孟冬十月小阳春，沈阳南郊天蓝如碧，云淡风轻，南湖公园水光潋滟，杨柳依翠，方型广场金风飒飒，秋叶正燃，彩旗飘处人声鼎沸，东北院办公楼落成乔迁，百年宏业奠新基。

一、建筑基本概况

中国建筑东北设计研究院有限公司（以下简称"中建东北院"或"东北院"）系国家大型综合建筑勘察设计单位，始建于1952年，隶属于中国建筑集团有限公司。中建东北院老办公楼（以下简称"办公楼"）位于沈阳市和平区南湖桥畔，南五马路与光荣街交界处。办公楼坐东朝西，楼前是绿荫匝地、鲜花盛开的方型广场，背靠姹紫嫣红的鲁迅儿童公园，北倚松杨高耸的土山，南望微波粼粼的南湖，环境优美迷人，地理位置得天独厚（图1.1和图1.2）。

办公楼建筑平面采用中轴对称布局形式。其中，主体部分四层、局部五层，总建筑面积6229m²，占地面积1692.1m²。建筑设计结合地方特色，将中国传统建筑屋顶、斗栱及窗花等构件简化重构，进行创作。建筑比例适宜、尺度考究，外观风貌朴实简洁。自建成之日起，办公楼便成为沈阳"城市表情"的重要组成部分，以庄重大气、焕发活力的姿态，展示了中国的新面容，特别是在现

图1.1 1990年东北院办公楼

代建筑民族化方面，做出了有益的探索，显示出中国本土建筑师深厚的创作功底和勇于突破的创新精神，为我国日后的建筑创作提供了实践经验，产生了深刻而久远的影响。

东北院办公楼是我国20世纪50年代企事业单位办公楼中的佳作，而设计院本身也在这一阶段为我国东北地区的基础建设做出了卓越的贡献，其中也涌现出大量优秀的建筑设计作品，例如沈阳药学院办公楼（现沈阳医科大学）、沈阳建筑工程学院教学楼、沈阳陆军总院门诊住院楼等（图1.3）。这些建筑虽在总体基调和建筑风格上与东北院办公楼呈现出很大的相似性，但在比例、尺度、细部装饰等方面的把握上仍以东北院办公楼更为恰当。办公楼坡屋顶的形式与主立面横竖向的分段

都呈现出完美的比例与宜人的尺度。简约的水泥平瓦屋面、朴素的外墙饰面色调以及符号化的中国古建细部装饰，共同形成了统一、端庄的建筑外观，充分体现了我国的建筑文化传统，时至今日依旧具有重要借鉴意义。

二、历史发展沿革

20世纪50年代上半期，是一个生机勃勃、激情似火的年代。虽然中华人民共和国成立之初，满目疮痍，百废待兴，但经过三年的恢复与建设，中国人民清理了战争的废墟，抚平了百年动荡的创伤，国民经济开始恢复，国家城镇建设日益活跃，中国建筑业发展开始了新的篇章。1953年是我国第一个

图1.2　2012年东北院办公楼

（a）东北院办公楼

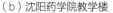

（b）沈阳药学院教学楼

（c）沈阳建筑工程学院教学楼

（d）沈阳陆军总院门诊住院楼

图1.3 20世纪50年代东北院代表设计作品

"五年计划"的开始之年，随着苏联援建工程的推进，大规模的基础建设在全国范围展开，政府也将建筑力量由城市和工人住宅建设转入工业建设。中国建筑师全力聚焦工业建筑设计之余，政府及各企事业单位办公楼也同样成为难得的公共建筑设计实践项目。受苏联建筑设计思想的影响，"社会主义内容、民族形式"原则在中国被加以发扬。广大建筑师在创作中对设计的形式进行了广泛探索，中国

的建筑设计开始了新的里程，经历了由现代建筑向民族形式的全面转变。

在这次中国建筑民族形式的复兴过程中，建筑师以民族古典主义形式为标志，综合运用绘画、雕塑等装饰手段强化建筑的艺术性，构建了新的经典形式。尽管由于对思想内容的过度追求，导致这一时期公共建筑向着纪念性、形式主义方向过度发展，存在复古主义、华而不实、资源浪费等诸多局

限而被后人诟病，但这转瞬即逝的民族形式的复兴，对中国建筑创作的意义却是不容忽视的。1959年的国庆十大建筑也曾受其影响，甚至此后20世纪90年代民族形式的又一轮复兴中仍能看到其身影。不可否认，这次探索让行业对中国传统文化更加尊重与自信，也为后来的建筑创作提供了有益的借鉴。

为响应国家第一个"五年计划"的建设号召，1953年12月中央人民政府建筑工程部颁发中建（1953）设字第53号文，将原东北行政委员会建筑工程局直属设计公司改称为"东北设计院"，受中央建筑工程部设计局直属领导。为此，建筑工程部迅速从东北各省、市设计公司以及东北军区营房部建筑处，调集了一批设计技术人员及各大专院校相关专业少量毕业生，以备筹建。1954年5月20日，"中央人民政府建筑工程部设计总局东北设计院"正式挂牌成立。彼时东北设计院员工队伍已达到了357人，其中专业技术人员246人，成为专业齐全、技术力量雄厚的建筑设计院，随之而来的办公楼设计、建设也就摆在了东北设计院员工的面前。

东北院办公楼建成于那个快马加鞭、突飞猛进的年代，由本院建筑师设计创作，东北行政委员会建筑工程局第四工程公司施工建设（图1.4）。1954年7月21日，项目正式动土奠基，建筑面积6003m²（未含局部五层），总投资630315万元（以第一套人民币折算，折合人民币现价630315元。自第二套人民币起，人民币与第一套人民币折合比率为：1元人民币=10000元第一套人民币），历经了117个工程日，终在1954年11月15日竣工投入使用。同时完工的还有东北院宿舍、食堂、锅炉房。其中，宿舍为三层清水红砖苏式建筑，房间内安装了暖气和红木地板，每户设有独立的卫生间和厨房，配套设施水电齐全，属当时较为现代的住宅模式。多栋宿舍楼相互围合，与办公楼形成环形后院，构成东北设计院相对独立的办公生活环境（图1.5）。

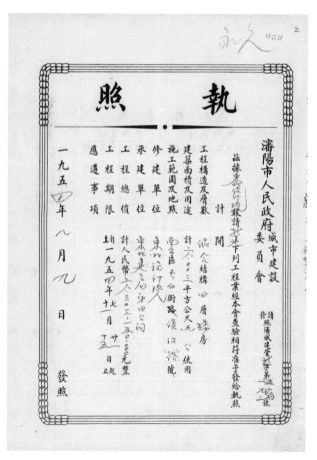

图1.4　1954年东北院办公楼施工建设执照

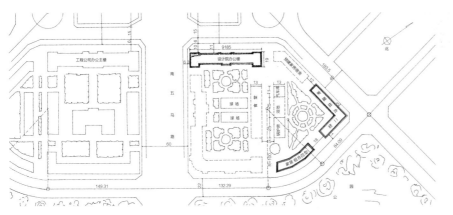

图1.5 1954年东北院办公楼院区总平面图

（a）1960年

（e）1990年

（i）2006年

　　岁月无痕、建筑无言。近七十年的使用时间内，东北院办公楼一直默默无闻地为人们服务。它伴随所有东北院人共同度过每次艰难困苦、狂风暴雨，一路乘风破浪、高歌猛进。2009年，东北院办公楼荣获"中国建筑学会建国60周年建筑创作大奖"，同时获此殊荣的还有包括人民大会堂、中国革命博物馆、中国历史博物馆、北京火车站等在内的34项著名建筑。这是授予新中国成立60年来不同时期现代建筑优秀代表性作品的最高奖项，也是新中国成立以来经受时间检验最长的一批建筑，代表了"国家之面孔，城市之表情"，是我国建筑创作的一次有序记忆。2015年6月3日，东北院办公楼入选沈阳市第二批历史建筑（二类），依据《沈阳市历史文化街区和历史建筑保护管理办法》（沈阳市人民政府令第83号），建筑"外部造型、饰面材料和色彩、内部重要结构和重要装饰"不得改变，但允许对"内部非重要结构和装饰"进行适当变更。而后，又于2020年相继入选沈阳市市级文物保护单位、中国20世纪建筑遗产。一路走来，办公楼的价值不断得到业界的认可，并拥有了法定保护的身份。至此，它的意义已不再是一座单纯的企业办公建筑，而是早已成为沈阳城市文化与历史记忆的载体、东北城市文化的代言人、共和国珍贵的历史文化遗产，更是一个时代集体记忆的封存（图1.6）。

（b）1965年

（c）1970年

（d）1982年

（f）1991年

（g）2001年

（h）2002年

（j）2012年

（k）2013年

（l）2017年

图1.6　1954—2017年东北院办公楼历史变迁

第二节　办公楼设计解析

一、建筑风格

办公楼的设计采用了西方新古典主义"横五段竖三段"（以下简称"横五竖三"）的立面分隔处理手法（图1.7），又很好地体现了中国传统建筑形式特点，是新中国成立初期中西结合的建筑典范。其造型古朴简洁，整体颇显庄重，采用纵墙承重砖混结构，呈"一字"对称布局。建筑屋顶采用木屋架结构，灰色水泥瓦铺制，极具时代特点。立面材质主要为水刷石和清水红砖墙，其中红砖墙面采用了较为坚固的"一顺一丁"英式砌法（图1.8）。建筑横向划分采用三段式手法，在四层的基础上，又于建筑中段增加局部五层空间，其上设有一个四角攒尖顶。攒尖屋顶采用木结构形式，仅有垂脊（斜脊），而无正脊，以自然平顺的方式向四面延展形成坡度，攒尖到其顶部进行收尾。檐口部分有简洁的装饰，其下饰有简化后的斗栱构件，颇显素雅。

斗栱是中国建筑的常用构造。其中，在立柱和横梁交接处，从柱顶上层层探出呈弓形的承重结构叫"栱"，而栱间所加垫的方形木块则称"斗"，两者合称"斗栱"。办公楼的斗栱从檐口上伸出，经出挑、升高直至檐下支托檐檩（图1.9）。但这只是意象上的效仿，事实上这些斗栱在檐额上并不起结构作用，仅为单纯的装饰构件。为增加其外观装饰效果，设计者在建筑檐口下部和主体局部设有宝相花、祥云等传统纹样图案的浅浮雕（图1.10）。浮雕外形为长方形和正方形，四周有边框，中心有小型雕花板，同正门门芯板处雕花样式颇为相似，可谓颇具匠心。

建筑中央的两侧区域布有混凝土花窗格，采用完全预制工艺，在当时十分罕见。其设计形制增添了一些曲线元素，更富变化创新，与传统花格窗大为不同。此外，一层窗角上方布有"雀替"，用简约传统的装饰符号传达出中国建筑独特的形式美学。浮雕与雀替均采用抹灰饰面，符合当年国家建筑方针——"实用、经济、在可能的条件下注意美观"（图1.11）。当时正值抗美援朝时期，国家提倡在技术方面要"节约三材"，即节约钢材、木材、水泥。其所用砂浆强度相对较低，加之设计室大空间办公的功能需求，建筑在结构设计上采用了纵墙承重砖混结构体系，相对抗震性能较差。尽管如此，办公楼依旧经受住了岁月的洗礼。1975年海城地震后，它依然挺立，且当时附近许多居民都到东北院办公楼内避难，可见其工程品质。

办公楼水刷石立面原为火山灰水泥制作，其色泽偏红。1987年，东北院曾自行粉刷立面，涂料的色彩选择依旧尊重了1954年的设计原制，并未造成较大的外观形象改变。20世纪90年代，应区级市政工程要求，办公楼立面再次进行了全面的粉刷。由于此次粉刷统一采用了青灰色涂料（具体成分不

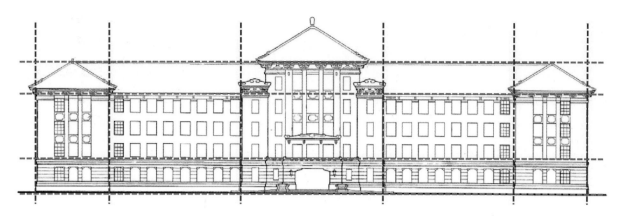

图1.7 正立面"横五段竖三段"构图

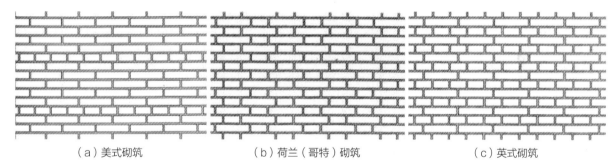

（a）美式砌筑 （b）荷兰（哥特）砌筑 （c）英式砌筑

图1.8 砖墙主要砌筑方式

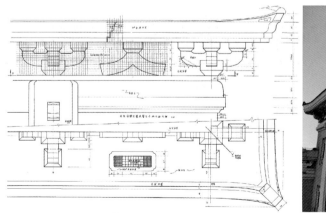

图1.9 檐口斗栱设计

图1.10 立面外观祥云纹样装饰

明），导致建筑的整体外观色泽偏白，更加趋近于较为常见的硅酸盐水泥水刷石墙面。此外，在使用过程中，院内也曾自行对原木窗、瓦等构件陆续进行过更换。但总体而言，建筑的外观形象并未出现较大变更。时至今日，仍较好地保存了原貌，作为体现我国传统建筑文化的优秀作品，依旧受到业内人士的广泛赞许。原重庆市设计院总建筑师李秉奇先生便曾对办公楼的设计做出过这样的描述：

"中国建筑东北设计研究院办公楼是我国20世纪50年代初期传统大屋顶结构建筑中的佳作。建筑汲取了传统大屋顶的形式，但并非全盘照搬，我们可以清晰地看到设计中对传统元素点到为止的节制

性使用，同时充分考虑了地域场景的多种客观条件，富有长久的生命力，体现出我国传统建筑文化经受时间考验的恒久魅力。

建筑与方型广场、宿舍内院呼应，自身也形成了广场的重要界面内容，对环境品位的提升具有重要作用。建筑正立面上下三段式、左右五段式结构比例协调大气，尺度得当，北方建筑的厚实与办公建筑的庄重相得益彰。墙面虚实和门窗门洞的处理以特有的厚度展现出力度与阳刚之美，北方地域特点鲜明，建筑表面材料的运用既贴合了建筑本身的身份功能，又在东西面适当变化以呼应周边，细节的把握相当细腻，构思非常周全。建筑的长久魅力正源自这份精巧的匠心。"

图1.11 其他外观装饰构件

二、创作历程

东北院办公楼的设计团队包括洪克政、汤春馥、徐震等多位优秀的东北设计院第一代建筑师。据徐震回忆，当时国际形势也比较紧张，那时的中国时刻都能感受到来自西方的压力，所做的建筑须是"能快则快、能省则省"（图1.12）。

在那个激情燃烧的岁月，电闪雷鸣骤风暴雨都充满了诗意。办公楼设计之时，正值新中国成立初期，国内建筑设计队伍十分薄弱。当时新中国6000m²以上的现代办公楼着实并不多见，最初参与设计的工程师没有任何大型办公楼设计经验，加之国内当时无任何设计标准或规范作为指导，在短时间内完成如此规模的大型办公楼设计是极具挑战性的（表1.1）。

据徐震后来回忆，当时的公共建筑，无论功能还是形式，都受到苏联"社会主义内容、民族形式"建筑设计思想的强烈影响。那是一个时代的选择，是不可避免的时代烙印和历史痕迹。建筑师既要尊重现实也要尊重历史。建筑师的责任，就是要利用自己的专业知识，在经济条件允许的条件下，满足工业时代企事业办公的需要，创造出既符合美学原则又满足公众意愿的建筑形式。因此，办公楼的设计中存在两个主要的原则：一是形式不能完全复古；二是不能采取在西式建筑上加大屋顶的方式。最终，方案确定以中国砖石结构建筑为参考，并以"汉阙"为基本意向，而这便是东北院办公楼

姓名	专业	担任工作	姓名	专业	担任工作
洪克政	建筑	审定、主任工程师	宋裕德	结构	设计
高金斗	建筑	室主任	廉化龙	结构	制图
王峻之	建筑	组长、校对	蒋恭仁	结构	制图
张兴奎	建筑	组长	王国元	结构	制图
汤春馥	建筑	校对、设计、制图	马宝斗	暖通	主任
丁世英	建筑	设计、制图	陈家英	暖通	组长、校对
刘芳敏	建筑	设计、制图	刘枕石	暖通	审定、校对
宋东彦	建筑	设计、制图	曲广成	暖通	校对
孙希才	建筑	设计、制图	张书文	暖通	设计、制图
孙正坦	建筑	设计、制图	张瑞英	暖通	设计
王 良	建筑	设计、制图	陈 石	暖通	制图
徐 震	建筑	设计、制图	郑 贵	暖通	描图
于志深	建筑	设计、制图	高登斋	电气	审定、主任工程师
牛朝臣	建筑	设计	张清源	电气	校对
鄂焕魁	建筑	制图	张义贤	电气	校对
郜 义	建筑	制图	杜广令	电气	设计、制图
李林海	建筑	描图	李天恩	电气	设计、制图
赵乾久	结构	组长	戚国彦	电气	设计、制图
霍恩炽	结构	设计、制图	徐德明	电气	设计、制图
李香培	结构	设计、制图	徐洪举	电气	设计、制图
米桂珍	结构	设计、制图	周盛坤	电气	设计、制图
唐 永	结构	设计、制图	刘凤青	给水排水	主任
杜 坎	结构	设计	王蔚生	给水排水	校对
耿兆统	结构	设计	李兴双	给水排水	设计、制图
马钜钟	结构	设计			

注：由于原图纸缺失、签名模糊等，此名单可能存在疏漏或部分姓名错误。

最初的设计灵感来源（图1.13）。

汉阙是中国建筑特有的形式，体现了秩序与和谐。在空间形式上，通常左右对称，且多按"阙基""阙身""阙顶"三段进行划分。每阙由"主阙"与"子阙"组成，均衡且和谐自然，蕴涵"天人合一"的朴素哲学理念。其庄严典雅的气度，潇洒飘逸的气韵，展现了汉代文化宏阔开放和浪漫进取的时代精神（图1.14）。当然，作为一种建筑艺术，其成效自是见仁见智，表扬与批评并存。比如，大屋顶的斗栱都是装饰性、符号性的，并无任何实用意义，这在当时的观点看来难免有浪费之嫌。而徐震本人也认为，如果当时能将局部五层的屋顶再拔高些，加以强调，其效果或许更好。此外，还有部分技术人员提出了唐斗栱与宋斗栱相矛盾等问题。但不可否认的是，东北院办公楼的整体形式把握依旧十分适度，是一个时代建筑风格与历史风貌的集中缩影，时至今日仍具有其珍贵的借鉴意义。

三、保护价值

东北院办公楼是新中国成立初期首批大型办公建筑的典型代表。受当时苏联构成主义意识形态影响，体现出较为明显的"社会主义内容、民族形式"设计原则。其平面布局讲究轴线严格对称和空间序列完整，主次秩序井然，以"一字形"为主，内部空间分割灵活（图1.15）。它直观地表达出新中国成立后因社会政治、经济发展而出现的意识形态与审美取向转变，是我国20世纪50年代建筑风尚的引领者与时代缩影。

图1.12 徐震（右）与夫人张德贤（左）
（摄影：韩冰）

（a）山西太原天龙山石窟

（b）东北院办公楼檐口

图1.13 人字栱对比

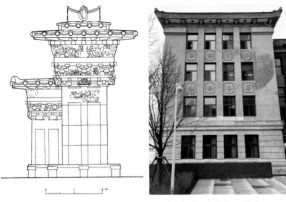

（a）四川雅安县高颐墓阙立面图　　（b）东北院办公楼立面

图1.14　意向对比

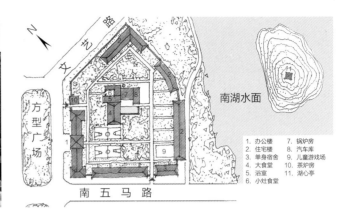

1. 办公楼　　7. 锅炉房
2. 住宅楼　　8. 汽车库
3. 单身宿舍　9. 儿童游戏场
4. 大食堂　　10. 茶炉房
5. 浴室　　　11. 湖心亭
6. 小灶食堂

图1.15　东北院办公楼院区总平面图

1. 历史价值

东北院办公楼影响了我国东北地区建筑业的发展史，是新中国成立初期办公类建筑的突出代表和展示历史文化特征的重要窗口，同时也是方型广场的标志性建筑物（图1.16）。其建筑风格具有典型的时代背景特色，是新中国成立初期中苏国家友好关系的见证，具有丰富的历史文化信息和纪念意义。

2. 艺术价值

受苏联构成主义与功能主义影响，东北院办公楼及其附属生活组团在规划之初便严格遵循构图上的几何对称，具有明确的轴线。建筑沿道路布置，围合成内院并在街道内外空间交界处形成一道清晰的分界线，具有强烈的向心性。其外立面"横五竖三"构图同样表现为典型的苏联设计模式。此

外，以功能为主的新古典主义简约装饰手法、传统"大屋顶"形式的应用乃至墙面材质色彩搭配，都忠实地反映了当时的建筑设计水平和社会审美取向。

3. 科学价值

办公楼所采用的建筑技艺是新中国成立初期工程技术与科技发展水平的直观体现。在当时前苏联建筑工业化的影响下，办公楼建设中的标准化预制构件应用颇具领先性与探索性，属沈阳同类办公建筑中的佼佼者，是我国当时开启工业化道路发展方针的忠实见证。其建筑屋顶以及斗栱、窗花等装饰构件依据中国古典建筑样式进行简化重组，比例尺度的把控十分考究，体现了新中国成立初期新技术、新材料对民族建筑风格创作所带来的影响（图1.17）。

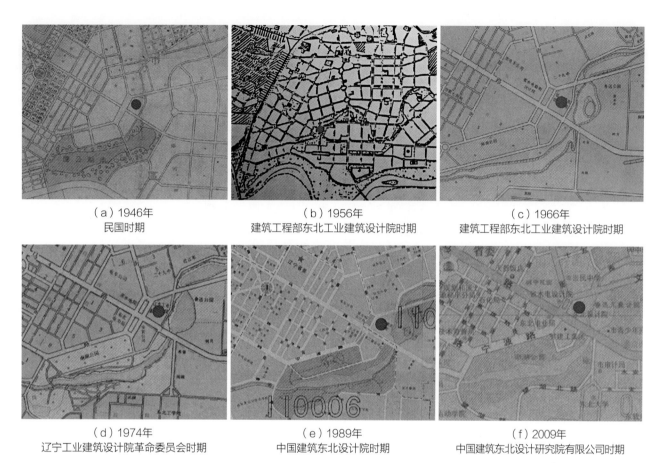

（a）1946年 民国时期	（b）1956年 建筑工程部东北工业建筑设计院时期	（c）1966年 建筑工程部东北工业建筑设计院时期
（d）1974年 辽宁工业建筑设计院革命委员会时期	（e）1989年 中国建筑东北设计院时期	（f）2009年 中国建筑东北设计研究院有限公司时期

图1.16 1946—2009年东北院周边城市肌理变化

4. 社会价值

作为一个时代的载体，东北院办公楼凝聚着新中国成立后一代代建筑工作者的热血激情。它反映了新中国成立初期的时代思想及社会形态，表达着人民群众对社会主义建设和共产主义理想的崇高热情，体现了人民群众浓厚的民族自豪感，是新中国成立初期时代精神的象征。至今，东北院办公楼仍是沈阳市方型广场的标志性建筑，已不仅是一代代东北院人的记忆，更是一个城市一个地区人们共有的情感基础，对于公共遗产或历史建筑保护意识的宣传和提升，都具有十分重要的意义。

5. 使用价值

办公楼内部结构虽已出现局部老化、受损现

图1.17　外立面预制窗花构件　　　　　　　　　　　图1.18　2017年工作人员撤离时的东北院办公楼

象，但整体空间格局依旧保存完好。自建成之日起，其功能从未发生改变、使用至今，保持了它最真实的状态。事实上，作为修建年代较晚的近现代建筑遗产，办公楼的生命历程还远未结束。即使以今日的眼光来看，其平面布局也并未过时，稍作升级改进，便可使这座老建筑焕发新生，重拾烟火气息。这对于降低资源消耗、促进城市有机更新而言，同样具有积极的意义。

第三节　修缮历程简述

东北院办公楼建成于20世纪50年代，因年久失修，建筑结构楼板局部已出现振动现象，承重墙体砂浆局部脱落，个别部位甚至出现了明显的开裂。为配合办公楼院区改造，并确保后续使用效率，中建东北院决议对办公楼展开全面的保护性修缮工作。2017年10月，全体东北院员工陆续自楼内迁出，为其接下来的修缮工程做准备（图1.18）。修缮完毕后经加固修葺的建筑还将继续保持其办公功能并兼具院史馆的身份重新面向世人。（图1.19）同期建成的还将包括一栋27层（不含避难层）高的东北院新总部大楼与之共同投入使用。

2018年2月6日，中建东北院办公楼修缮项目正式立项，依据二类历史建筑保护标准，院设计团队随即结合办公楼项目区位、历史概况等前期分析对基本方案进行讨论，并制定了改造的相应原则。期间东北院还组织邀请相关团队针对具体修复事项开展了专业性的勘察检测。2018年3月1日，中建东北院曾邀请沈阳建筑大学对办公楼建筑现状进行了现场勘察。2019年8月15日至9月21日，辽宁省建设科学研究院也曾接受委托对办公楼工程质量现状与抗震性能进行了全方位的安全检测。此外，沈阳市文化旅游和广播电视局（以下简称"文旅局"）对办公楼的修缮工作给予了高度关注，分别组织召开了结构加固、消防设计、修缮施工方案、水刷石立面施工及木屋架施工5次专项专家论证。有关专家就项目历史价值、技术价值、艺术价值等方面保护方案给出多项建议，为后续保护修缮工作提供了有力的设计依据，保护方案及施工图制定工作也随之有序开展。

2020年9月3日，沈阳市人民政府发布《沈阳市人民政府关于核定并公布第五批市级文物保护

图1.19 东北院办公楼照片集

图1.19 东北院办公楼照片集（续）

单位的通知》(沈政发〔2020〕19号),东北院办公楼正式被评选为市级文物保护单位,并由沈阳市自然资源局和文旅局依法对其核心保护范围和建设控制范围进行划定。至此,办公楼的保护修缮工作全面升级,由之前历史建筑保护转变为文物建筑保护。为探求科学合理的设计依据,中建东北院随即于9月8日联合沈阳建筑大学对办公楼建筑现状再次展开相应的勘测调查工作,并按文物工程报建要求,对此前历史建筑保护修缮方案的合理性做出探讨,重新制订报建文本。而同年10月,办公楼又进一步被推介入选第五批中国20世纪建筑遗产,其历史保护价值再次得到了公众的广泛认可。

2021年1月22日,结合此前专家给出的建议,办公楼修缮报建文本初步完成并递交沈阳市文旅局进行审批。此后,设计组又结合反馈意见对报建文本进行了两轮修改,最终于同年2月23日完成文物报建文本的报审工作,根据文物要求与文本内容,形成最终建筑设计图纸和装修施工图纸。2月24日,项目正式开工,屋架、楼面加固,保温加装及外观修复等工程相继开展,修缮保护工作有序进行。

2022年11月29日,沈阳市城乡建设局和文旅局对东北院办公楼项目进行了联合验收。至此,历时近五年的修缮改造工程终于落下帷幕。彼时恰逢东北院建院70周年庆典,人们重返曾经的"家园",欣喜若狂、感慨万千。70年来,中建东北院伴随共和国的步伐,一路走来、发展壮大,为国家经济建设做出不可磨灭的贡献。如果说70年的光阴凝聚了几代东北院人的心血与拼搏,那么办公楼本身就是对奉献精神的最佳见证。它没有繁杂错综的装饰,也没有绚丽夺目的彩画,只是简简单单、朴实无华,安静地矗立于南湖桥畔,默默陪伴着新中国的建设者。近70年的时间,它早已悄然成为每个东北院人心中不朽的丰碑,成为沈阳这座城市共同的记忆。而今已是古稀之年的它重焕新生,狂喜之余,我们满怀期待,当曾经的传说与赞歌已成过往,它将继续承载新时代建筑强国的伟大梦想,再次启航!

第二章　调查篇

　　在建筑修复前对建筑进行全方位的历史调查和勘测评估，是建筑保护修缮过程中的必要环节，更是确保文物建筑原真性、完整性及历史传承的重要保障。自2018年以来，中建东北院先后联合沈阳建筑大学、辽宁省建设科学研究院等多家科研机构对办公楼现状展开了全面细致的调查，主要涉及建筑现状勘测、工程质量检测、结构安全性检测、木屋架安全性检测等多项内容。对办公楼保存状态、建筑破损情况、功能安全性能等做出了翔实的记录，为进一步形成有效妥善的修缮方案提供了重要的参考依据。

第一节 现状勘测调查

一、历史风貌特征及现状调查

2018年3月1日,中建东北院设计团队联合沈阳建筑大学对办公楼文物现状、损伤病害等情况,展开了为期三个多月的现场调查。结合历史照片(图2.1-1、图2.1-2)、原始设计图纸,利用GIS和BIM等可视化信息采集技术,分别对该文物建筑的外部呈现以及内部构件进行细致精准的观察实测,从而识别并分析现状问题,对病害损伤程度做出预判与评估(表2.1)。

东北院办公楼历史风貌特征及现状调查简表　　　　　　　　表2.1

类别	部位	历史风貌特征	现状情况
屋面	灰色水泥瓦屋面	建筑屋顶均采用灰色水泥瓦铺制,属于具有时代特色的做法。	整体保存完好,水泥瓦局部塌陷且有破损和污染情况。屋面瓦件大部分老化,防水失效。
	宝顶	屋顶上的小型尖塔是将传统建筑的宝顶样式稍加简化而作。	表面有一部分污染和老旧。
	正吻、斜吻、脊瓦	位于屋脊上的脊兽,根据位置差异可分为正吻和斜吻。该建筑正吻、斜吻和脊瓦均在仿制中国传统建筑形制的基础上加以改动。	正吻、斜吻整体及纹样保存完好。但因年代久远,表面有少许污渍。脊瓦存在局部破损和松动的情况。
结构体系	木构架屋架	建筑屋顶采用三角形木结构屋架。	整体保存完好,四层、五层吊顶腐朽已达100%、五层木屋架部分腐朽已达50%,需要加固。五层木屋架横梁局部塌陷。
	砖混结构	建筑采用砖混结构,纵墙承重。体现出经济、实用和美观的原则。	整体保存完好,局部有开裂情况,需要加固。
建筑外观	水刷石墙面	建筑西侧正立面采用水刷石,是20世纪50年代常见的立面材质。	常年雨水侵蚀导致多处开裂、空鼓、破损。因后期粉刷,存在不明成分涂料等污染物。而因后期外挂空调,原有墙面多处出现孔洞及空调支架所造成的破损现象。
	清水红砖墙面	建筑东立面采用清水红砖墙,同样体现出当时强烈的时代特征。	清水红砖墙面保存的完整性较好,但因年代久远,出现粉化和腐蚀现象。
	入口门	正门入口设计尺度规整、大气,具有时代特征,能够科学地解决交通流线问题。	整体保存情况较为完好,但局部有破损情况且因年代久远表面留有污渍。
	正门雨篷	正门雨篷位于建筑物中央部分的二楼,其上雕刻有精致的云纹式样。	雨篷部分雕花保存较为完好,局部出现破损,另因年代久远,表面存有少许污渍。
	正门台阶	采用青石材质,具有天然纹理和花纹,具有较高的美学价值。	局部灰缝脱落,且修补痕迹明显。

类别	部位	历史风貌特征	现状情况
建筑外观	阳台及扶手栏杆	正门入口顶部的平台作为阳台，在其四周围有扶手栏杆。其上布有较为精细的雕刻与线脚。	雕花部分保存较为完好，但局部有破损情况，且因年代久远表面留有污渍。
	檐头、斗栱、人字栱	建筑檐头及其檐下斗栱、人字栱，为仿汉代建筑做法。其造型简约且不失传统韵味。	整体保存情况较为完好，局部有轻微破损，表面存有污渍。
	额枋	建筑两侧四层部分檐下，仿照中国传统古建做法，布有额枋，并在其上刻有精美纹饰。	额枋保存情况较好，局部纹理破损缺失，表面存有污渍。
	牛腿	四层建筑部分檐下、额枋两端，仿传统建筑样式出牛腿承接檐口，其上刻有精美纹饰。	牛腿保存情况完好，但局部纹理有破损，表面存有污渍。
	线脚	建筑立面由层次丰富的枭混线脚划分为三段式。	保存情况完好，但局部纹理有破损，表面存有污渍。
	勒脚	建筑一层四周，沿窗台之下布有一圈枭混勒脚，以防止雨水反溅到墙面，是当时典型的做法。	勒脚形式尺度适宜，但因曾经粉刷，表面污渍较多。此外，落水管附近还因常年使用，留有霉斑，严重影响美观。
	背立面中央主入口雨篷	依据原设计图纸，建筑东立面中央原入口上方设有雨篷一处。其上曾设计有云纹雕刻式样檐头，檐下出牛腿、额枋。	因历次改建，加之年代久远，现已严重损坏。其原有形状、结构已经消失，表面杂草丛生。
	背立面两侧次入口雨篷	依据原设计图纸，建筑东立面两侧次入口，曾各有一处雨篷。其形制与背立面主入口做法相似。	因年代久远，原有形状、结构已经消失，表面杂草丛生。
	排水沟	建筑四周采用明沟排水。	现已部分损坏并被泥土掩埋。
	窗间墙	建筑立面窗间墙部分，刻有多处莲花浮雕纹样，与水刷石墙面搭配形成朴素古典的视觉感受。	纹样整体保存完好，但细节处存在破损情况，部分墙面存有铁锈等污渍。
	雕花窗	个别外窗外布有雕花窗，参考中国古典万字纹窗花简化而来，采用对称手法。	雕花保存较为完好，局部有破损，且因后期粉刷，留有少许污渍。
	外窗	建筑立面外窗多因年代久远而进行了二次修缮或替换。	窗户的玻璃部分与窗框有缺失情况，且窗框存有些许不明腐蚀类污渍。
室内装饰	主楼水磨石楼梯、木质栏杆扶手、雕花构件	建筑主楼内布有三处水磨石楼梯。楼梯采用木质扶手，以精美云纹金属雕花构件与下方楼梯栏板进行连接。	楼梯踏步、扶手、雕花等，整体保存较为完好，但因使用过程中磨损磕碰等影响，局部出现污染、破损情况。
	顶棚雕花装饰及线脚	建筑顶棚雕花采用石膏粉刷，呈现西洋古典样式的线脚和花饰，做工精致美观。	局部残缺或出现泛碱现象、开裂起皮及污染等。
	墙垛（壁柱）	建筑中部大厅、两侧楼梯走廊处，布有墙垛多处，其上雕刻精美线脚，样式简洁。	整体保存完好，局部有污染情况。
	踢脚线	建筑室内沿走廊、房间四周布有踢脚板，其材质采用水磨石板。	建筑室内踢脚线损坏较为严重。
	室内门窗	建筑室内门窗多为木质，部分门窗因后续使用需求曾进行过更换。	部分木门窗油饰层龟裂、脱漆现象严重。水磨石窗台板因风吹日晒导致开裂。

（a）西侧正立面鸟瞰

（b）西北侧正立面鸟瞰

（c）正门立面入口处

（d）东侧背立面鸟瞰

（e）东南侧背立面

（f）背立面原入口处

（g）灰色水泥瓦屋面

（h）局部屋面瓦残缺、污染

（i）老旧的屋面宝顶

（j）屋面正吻

（k）屋面斜吻

（l）脊瓦存在松动与破损

（m）木屋架结构局部腐朽

（n）承重墙体局部开裂

（o）水刷石墙面存有不明成分
涂料且污染严重

（p）清水砖墙面出现粉化、腐蚀

图2.1-1　东北院办公楼现状勘测照片1

（a）正门入口雨篷、阳台栏杆
现状

（b）檐头、斗栱破损及污染情况

（c）额枋处存有污染

（d）牛腿局部纹理缺失

（e）背立面中央入口处雨篷
严重损坏

（f）背立面次入口处雨篷结构完全
消失

（g）立面外窗、窗间墙现状

（h）窗间墙雕花纹样细部

（i）一层雕花窗

（j）二至五层雕花窗

（k）原水磨石楼梯踏步

（l）原木质扶手及破损的金属
雕花构件

（m）残缺的顶棚雕花

（n）室内线脚处开裂及污染

（o）墙垛局部污染

（p）室内破损的踢脚线

图2.1-2　东北院办公楼现状勘测照片2

1. 建筑屋面调查

（1）基本介绍

办公楼的建筑屋顶界面包括四部分：灰色水泥瓦屋面、宝顶、正吻、斜吻及脊瓦。其中水泥瓦屋面是具有20世纪50年代特征的建筑材料与构造做法。目前屋面局部有塌陷，水泥瓦有破损和污渍，其中破损的水泥瓦件接近40%，主要分布在屋脊间的连接处，导致屋面防水性能下降。建筑屋顶有一处宝顶，样式为中国传统建筑宝顶的简化，现状整体保存完好，仅表面有污渍和轻微的腐蚀老旧（图2.2）。

此外，该建筑位于屋脊上的脊兽，根据位置差异可分为正吻和斜吻，其处理手法为将中国传统建筑中的吻兽进行了外轮廓的简化模仿，并辅以祥云雕饰。现状正吻和斜吻的保存状况较为完好，但表面有少许风化与污渍，且屋顶的脊瓦存在局部破损与松动的问题。

（2）现状总结

①污染：宝顶因风吹日晒、雨水侵蚀导致污染；

②塌陷：雨水侵蚀导致结构腐朽，载荷能力下降，水泥瓦屋面局部塌陷；

③破损：屋面瓦件风吹日晒导致老化破损严重、防水失效。

2. 建筑外墙调查

（1）基本介绍

办公楼建筑的主体墙面分为两种，其一为建筑东立面的清水红砖墙，目前红砖墙因为历经几十年风雨，出现部分粉化和腐蚀现象，黏合剂的强度减弱。其二为建筑沿城市街道的东、西、北面，修建之初为水刷石墙面，后期维修时部分用新水刷石修补，因修补材料与原材料差异较大，出现水刷石色差斑块，后经数次涂料粉刷覆盖，整体墙体已失去原有材料特色，且原有水刷石面层多处存在明显

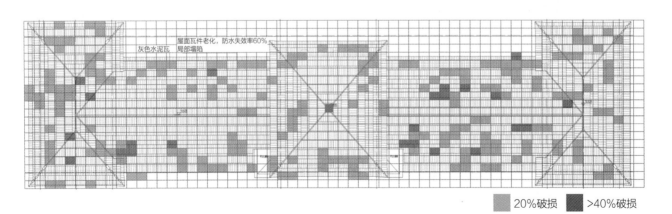

20%破损 >40%破损

图2.2　屋面破损情况调查

的空鼓、破损和脱落现象。采用红外线相机检测设备进行勘察后发现，建筑外墙抹灰层空鼓率约8%（图2.3），屋檐处水刷石空鼓率大于50%，局部脱落，部分因后期亮化工程破损尤其严重。出于安全性考虑，建议对墙体采取相应加固措施。另外，建筑主墙面由于后期挂空调的缘故，多处墙面留有空调设备孔洞和空调支架所造成的破损（图2.4~图2.7）。

　　建筑立面的装饰构件是体现民族样式的点睛之笔，其中美化的斗栱、牛腿呈一定秩序分布在建筑的屋檐与挑台处。现状局部构件存在缺失破损，表面有污渍现象。立面线脚、窗花、拼花有局部开裂、破损现象。

　　建筑主入口端庄大气，雨篷上部附有装饰线脚及简化的祥云图案，体现了20世纪50年代追求中国传统建筑风格的典型设计手法。现状整体保存较为完好，装饰纹样局部有破损，并因年代久远表面存有污渍。此外，正门入口处青石台阶保存较为完好，但局部灰缝脱落且修补痕迹明显。建筑四周排水沟现已部分损坏并被泥土掩埋，造成排水不畅问题。

　　（2）现状总结

　　①开裂：风吹日晒、雨水侵蚀，导致檐头、檐头斗栱、窗楣、窗花、拼花局部开裂；

　　②空鼓：雨水侵蚀，涂料返潮导致起鼓，线脚、窗楣、拼花有少许空鼓，水刷石墙面、水刷石门头多处存在明显空鼓；

　　③破损：风吹日晒、雨水侵蚀，导致多处风化老化，因后期外挂空调原因，墙面多处有空调孔洞及空调支架造成的破损。外窗台面排水不畅或回流，导致受潮污染。额枋、牛腿、线脚、窗楣、窗花、拼花、门头、入口门、正门雨篷、阳台及栏杆局部有细微破损，背立面入口雨篷破损严重，水刷石墙面多处存在明显破损孔洞。建筑外窗拆改严重，拆改后滑道涩滞。

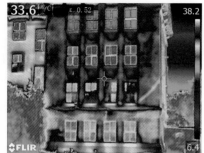

图2.3 典型空鼓立面检测照片

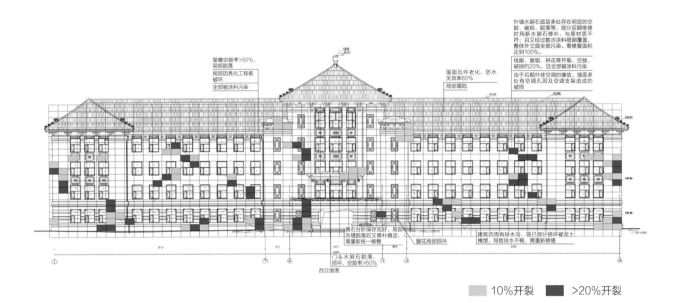

外墙水刷石面层多处存在明显的空鼓、破损、脱落等，部分后期维修时用新水刷石修补，与原材质不符，且又经过数次涂料喷刷覆盖，整体外立面全部污染，需修复面积达到100%。

线脚、窗眉、拼花等开裂、空鼓、破损约20%，且全部被涂料污染

由于后期外挂空调的缘故，墙面多处有空调孔洞及空调支架造成的破损

屋檐空鼓率>50%，局部脱落

局部因亮化工程被破坏

全部被涂料污染

屋面瓦件老化，防水失效率60%

局部塌陷

青石台阶保存完好，局部灰缝脱落后又修补痕迹，需重新统一修整

窗花局部损坏

建筑四周有排水沟，现已部分损坏被泥土掩埋，导致排水不畅，需重新修缮

门头水刷石脱落，损坏、空鼓率>60%

西立面图

10%开裂　　>20%开裂

图2.4　立面开裂情况调查

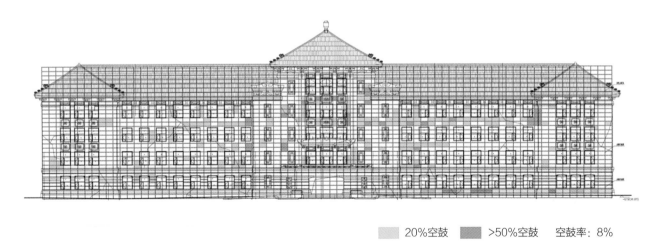

20%空鼓　　>50%空鼓　　空鼓率：8%

图2.5　立面空鼓情况调查

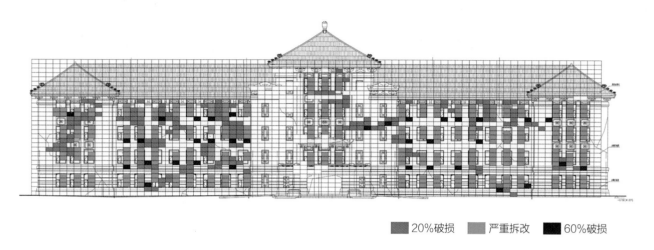

■ 20%破损　　■ 严重拆改　　■ 60%破损

图2.6　立面破损情况调查

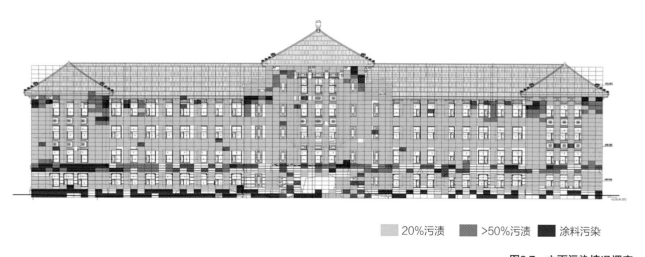

■ 20%污渍　　■ >50%污渍　　■ 涂料污染

图2.7　立面污染情况调查

④污渍：正门雨篷、阳台、扶手栏杆表面、额枋、牛腿、入口门、浮雕部件有少许污渍，清水红砖墙面表面、勒脚有较多污渍，水刷石墙面部分污染。

3. 结构体系调查

（1）基本介绍

建筑采用纵墙承重砖混结构体系。目前，部分承重墙体已出现局部开裂现象，黏合剂强度下降，建筑结构安全性较差。建筑屋面采用木屋架进行支撑，其中多数屋架构件保存完好，仅局部五层屋架朽损较为严重（约50%朽损），并出现局部横梁坍塌。屋架下方布有吊顶，因拆迁过程人为破坏、拆除，已全部损毁。

（2）现状总结

①开裂：风化干缩开裂，木构架屋架、砖混结构局部开裂；

②腐朽：屋面长期漏雨、通风不良导致雨迹漫漶，构件腐朽，其中四层及五层吊顶腐朽构件占比100%，五层木屋架腐朽构件占比50%；

③塌陷：局部坍塌起鼓应是通风不良长期受潮导致，进一步造成了横梁强度减弱，五层木屋架横梁局部坍塌。

4. 室内装饰调查

（1）基本介绍

建筑自修建以来便一直沿用其办公使用功能，整体平面布局和主要承重体系并未发生较大变动，仅局部空间因后续使用有所调整。20世纪90年代初，东北院曾进行过内部机构改革，将原各专业所改为多个综合所独立核算，并以每楼层2个综合所的划分方式进行分设。因此，各楼层出于使用与管理需要，在楼梯间广厅处使用了轻质隔墙或玻璃隔断进行了分隔。由于缺乏统一的设计，各层装修风格迥异。如广厅、走廊等公共区域地面材质便各不相同，其中一些保留了原有水磨石地面，而另外一些则采用了另铺花岗石的方式。此外，一层门厅也曾于90年代初期经院内进行过统一装修。其地面改为米黄色大理石铺设，墙面也由原来墙面喷涂大白改为干挂米黄色大理石墙面。装修风格各异导致楼内空间混乱，协调度欠佳。

本次调查发现，建筑内部墙面、地面破损现象较为严重，亟待整修。另外所有楼层内部走廊高窗与室内房门均有不同程度的破损，据评估其损害率已达80%（图2.8和图2.9）。室内主楼梯采用实木扶手，其材料品质较高，仅仅出现局部脱漆和轻微磨损问题。室内吊顶浮雕图样清晰可见，但由于后期多次更改室内分隔和局部装修，致使图案不够完整，有成片破损和脱落的现象。室内墙面装饰线脚与踢脚线也存在较为严重的破损。

（2）现状总结

①污染：雨水侵蚀，通风不良，导致顶棚、墙面受潮霉变。地面返潮，洗手间、走廊、大厅地面因受潮后频繁踩踏，导致污染严重。洗手台平面因常有污水汇集，导致污染。顶棚雕花装饰、线脚、

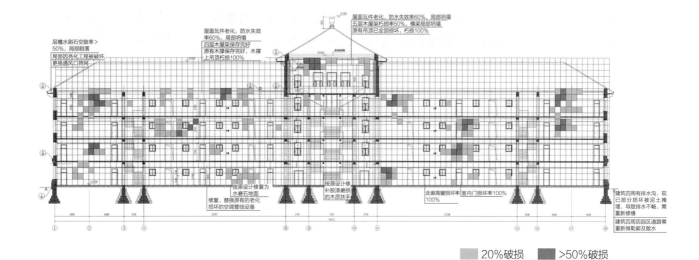

屋檐水刷石空鼓率>50%，局部脱落
局部因亮化工程被破坏
更换通风口筛网

屋面瓦件老化，防水失效率60%，局部坍塌
四层木屋架保存完好
原有木撑保存完好，木撑
上吊顶朽损100%

屋面瓦件老化，防水失效率60%，局部坍塌
五层木屋架朽损率50%，横梁局部坍塌
原有吊顶已全部损坏，朽损100%

按原设计修复为水磨石地面
修复、替换原有的老化损坏的空调管线设备

按原设计修补脱漆磨损的木质扶手

走廊高窗损坏率100%
室内门损坏率100%

建筑四周有排水沟，现已部分损坏被泥土掩埋，导致排水不畅，需重新修缮
建筑四周因园区道路需重新做勒脚及散水

▨ 20%破损　　▧ >50%破损

图2.8　室内墙面破损情况调查

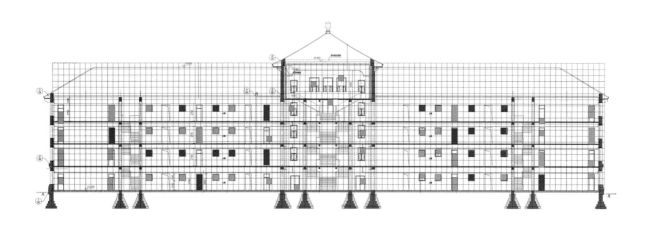

▨ 20%破损　　▧ >40%破损

图2.9　室内门窗破损情况调查

墙垛雕刻灰线等局部有污染，地面污渍较多，部分顶棚、墙面霉变严重。

②破损：顶棚、墙面等部分因表面受潮后干裂导致龟裂起皮。室内踢脚线破损，应为使用时磕碰所致。主楼水磨石楼梯、木栏杆扶手及雕花构件亦因使用中磨损磕碰导致破损。散热器因超过使用寿命导致破损。

③泛碱：雨水侵蚀导致墙面泛碱，排水不畅或回流导致墙基、地面返潮、泛碱，顶棚、墙面、地面局部泛碱。

④开裂：走廊高窗、室内门因年久失修、过度使用导致损坏，木门面层油饰因干燥开裂导致龟裂、脱漆、破损严重，水磨石窗台板因风吹日晒导致开裂。

二、结构安全性检测

依据历史建筑保护修缮需要，中建东北院曾于2019年委托辽宁省建设科学研究院有限责任公司（辽宁省工程质量检测中心）（以下简称"辽宁建科院"）对办公楼进行了全面的安全性检测。8月15日，辽宁建科院派多名工程技术人员进入现场进行了现场检测工作，分述如下：

1. 结构外观质量检测

该建筑混凝土构件外观质量良好，且未出现基础不均匀沉降的外观表现。木屋架系统工作正常，

（a）破损的预制钢筋混凝土楼板　（b）失去强度的承重墙砂浆

图2.10　原建筑承重墙砂浆与预制混凝土楼板现状

并未出现虫蛀、劈裂等现象。混凝土梁、板构件碳化深度较深，已超过主筋保护层厚度，楼板厚度较薄。出于结构耐久性考虑，建议对楼板进行耐久性加固（图2.10）。

2. 承重墙体砌筑砂浆抗压强度检测

东北院办公楼为砖混结构体系。经检测，其承重墙体砌筑砂浆指划脱落，现龄期砌筑砂浆抗压强度低于M2，建议设计参考值可按M0.4采用，见表2.2。

3. 承重墙体砌筑砖抗压强度检测

砌筑砖抗压强度采用回弹法进行现场检测，其检测结果符合MU10强度等级，见表2.3。

4. 混凝土梁柱抗压强度检测

依据《混凝土结构现场检测技术标准》GB/T 50784—2013和《回弹法检测混凝土抗压强度技术规程》JGJ/T 23—2011的有关规定，对该建筑梁混

各层承重墙体砂浆抗压强度检测结果   表2.2

砖墙名称	砂浆强度（MPa）				
	一层	二层	三层	四层	五层
中央外墙及主内墙	5	2.5	2.5	1	1
中央楼梯间墙	5	2.5	2.5	1	—
两翼外墙	5	2.5	1	1	—
走廊内墙	5	2.5	1	1	—
其他内墙	5	2.5	1	1	—
正门斗及门厅内墙	1	—	—	—	—

砌筑砖抗压强度检测结果   表2.3

构件	样本数	平均回弹值 $\overline{N}$（MPa）	平均回弹值标准差 S_f（MPa）	回弹标准值 $\overline{N}_f$（MPa）	单块最小平均回弹值 Nj_{min}（MPa）
墙	100	16.2	3.85	9.3	13.5

凝土现龄期抗压强度进行批量检测，抽检样本容量为15根。柱构件较少，抽检3根进行抽样检测。由于该建筑混凝土龄期已超过1000天，考虑到该建筑实际情况，采用《混凝土结构加固设计规范》GB 50367—2013中的龄期修正系数对测区混凝土抗压强度换算值进行修正，修正系数取0.85。检测结果详见表2.4、表2.5，抽检梁现龄期混凝土抗压强度推定区间为16.1～18.3MPa。

三、抗震性能检测

东北院办公楼工程设计完成于1954年，受时代背景限制，并无相关抗震设计标准可以参照。但考虑修缮完成后将继续使用，故需按现行国家规范及标准对其抗震性能进行鉴定，以确保其后续使用中的结构抗震安全。

1. 房屋的高度、层数和墙体布置

依据《建筑工程抗震设防分类标准》GB 50223—2008，本工程属丙类标准设防建筑，改造修缮后的设计工作年限为30年。因此，可依据《建筑抗震鉴定标准》GB 50023—2009按A类建筑抗震进行鉴定（表2.6）。该建筑为纵墙承重体系，依据《建筑抗震鉴定标准》中5.2.1条，属"横向抗震墙很少的房屋"，故应在其所列房屋最大高度和层数限值基础上再减少两层，从严控制。考虑沈

混凝土梁抗压强度批量检测结果

表2.4

构件	测区数	平均值 mf_{cu}^c（MPa）	标准差 sf_{cu}^c（MPa）	推定区间上限值系数	推定区间下限值系数	混凝土强度推定区间（MPa）
梁构件	150	23.5	1.78	1.11397	2.56600	16.1～18.3

注：测区混凝土换算值已按0.85修正系数进行了修正。

混凝土柱抗压强度抽样检测结果

表2.5

构件	测区数	平均值 mf_{cu}^c（MPa）	标准差 sf_{cu}^c（MPa）	混凝土强度推定值（MPa）
柱	10	24.5	1.65	18.5
柱	10	25.1	1.78	18.8
柱	10	21.4	1.89	15.5

注：测区混凝土换算值已按0.85修正系数进行了修正。

A类砌体房屋抗震标准核查对照表

表2.6

序号	《建筑抗震鉴定标准》GB 50023—2009中第一类鉴定	建筑现状
1	横墙间距：15m	最大19.42m
2	砂浆强度等级当7度时超过二层或8、9度时砖砌体不宜低于M1；砌块墙体不宜低于M2.5。	现龄期砌筑砂浆抗压强度M1.0
3	墙体布置在平面内应闭合，纵横墙交接处应有可靠连接，不应被烟道、通风道等竖向孔道削弱。	⑦轴布置有温度伸缩缝且为开口端墙
4	木屋架不应为无下弦的人字屋架，隔开间应有一道竖向支撑或有木望板和木龙骨顶棚。	木屋架无下弦的人字屋架
5	装配式混凝土楼盖、屋盖的砌块房屋，每层均应有圈梁。	走廊部位为预制装配式混凝土楼盖

阳地区为7度设防烈度（设计基本地震加速度值为0.10g，建筑场地为Ⅱ类），本工程层数和高度限值分别应为5层、16m。因此，原建筑主体部分层数4层，高度14.7m，满足限值要求，但其局部5层部分（⑧轴～⑪轴）高度20.5m，则不满足限值要求（图2.11）。

建筑房屋长度91.46m，在⑦轴处有开口墙，且横墙很少，其中横墙最大间距为19.46m，不满足《建筑抗震鉴定标准》中"A类砌体房屋刚性体系抗震横墙的最大间距"的要求，因此建议增设承重横墙，减小横墙间距；对于木屋架屋面层，增设钢梁并采用轻质屋面板，使其成为刚性体系。

根据《建筑抗震鉴定标准》中5.2.10条规定，当横墙间距超过刚性体系最大值4m时，该房屋可不再进行第二级鉴定，应评为综合抗震能力不满足抗震鉴定要求，且要求对房屋采取加固措施。故按《建筑抗震加固技术规程》JGJ 116—2009第5.3节对抗震能力不足的墙体进行墙体加固，并增设抗震墙。

2. 结构抗震验算

依据房屋现有实际状况，按现行规范《建筑抗震设计规范》GB 50011—2010、《木结构设计标准》GB 50005—2017、《砌体结构设计规范》GB 50003—2011设计标准，对其进行静力荷载作用下的估算复核。结构体系为砌体结构，黏土砖的强度等级取MU10，砌筑砂浆强度等级取M2。

荷载作用调查主要包括使用活荷载和楼（屋）面板结构层厚度、建筑构造做法及其厚度等。楼（屋）面恒荷载的取值是根据楼板厚度、建筑构造做法等实际状况确定，使用活荷载的取值主要根据实际使用功能按照《建筑结构荷载规范》GB 50009—2012确定，荷载基本参数详见表2.7。

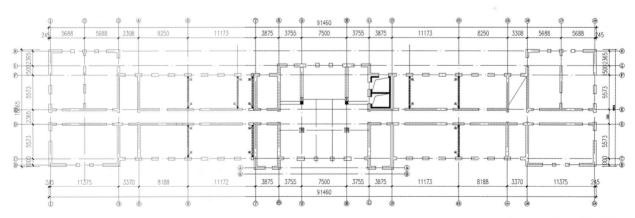

图2.11 标准层墙柱布置图

本次估算所采用的荷载参数

表2.7

80mm厚预制楼面板		材料强度等级	
原80mm厚混凝土楼板	2.00kN/m²	砂浆	20.0kN/m³
板顶新加50mm混凝土面层	1.25kN/m²	混合砂浆	M2
板面面层与二次装修荷载	1.00kN/m²	风荷载基本风压	0.55kN/m²
板底20mm厚砂浆	0.34kN/m²	地面粗糙度类别C类体型系数	1.3
材料容重		地震作用抗震设防烈度	七度
砂浆	20.0kN/m³	建筑抗震设防类别	乙类
黏土砖	22.0kN/m³	场地类别	二类
		设计基本地震加速度值	0.10g
		设计地震分组	第一组场地
		特征周期	0.45s

结构计算软件采用盈建科软件公司的建筑结构分析软件YJK2.0.0。验算结果显示：左侧一二层个别墙体抗震验算、墙体抗压验算不足，三层以上均满足要求；右侧一至三层个别墙体抗震验算、墙体抗压验算不足，四层以上均满足要求。根据以上分析结果，部分墙体应进行加固处理。

3. 抗震鉴定结论及建议

根据《建筑抗震鉴定标准》GB 50023—2009，该建筑综合抗震能力不满足抗震鉴定要求，应进行抗震加固：

（1）原结构横墙间距过大，其最大间距为19.46m，建议增设横墙，减少横墙间距使其满足规范要求。

（2）采用YJK软件进行分析，结果显示大部分纵墙抗震能力不能满足规范要求，部分纵、横墙抗压承载力不能满足规范要求，建议采用"板墙加固"的方式进行墙体加固。

（3）承重墙垛小于《建筑抗震设计规范》第7.1.6条规定的1.0m要求，建议内部增设混凝土扶壁柱。

（4）四层屋顶木屋架不应为无下弦的人字屋架，建议增设水平钢梁进行加固，上部采用轻质屋面板。

（5）局部五层为大开敞空间，屋面为三角形木屋架，不符合抗震要求。建议在其四周墙体增设剪力墙，屋顶采用钢桁架拉结，上部采用轻质屋面板。

（6）楼板负弯矩钢筋不足，且舒适性较差，建议板上铺设50mm厚混凝土面层、板下粘贴高强钢丝布进行加固。

四、木屋架安全性检测

东北院办公楼为平面对称的砖混结构。屋盖采用木结构，四层屋顶大屋盖两端为空间杆系结构，其余大屋盖部分为横向平面木桁架与纵向平面桁架组合的交叉杆系结构。局部五层的屋盖由一榀三角桁架与二榀梯形桁架形成的空间杆系结构组成。

基于安全性和修缮需求，东北院委托北方测盟科技有限公司于2021年对屋顶木屋架进行了现场勘查检测。检测内容包括木屋架变形情况、木结构损伤状况、连接节点质量、木材力学性能、构件连接安全性等，并出具评定结论与修缮建议。

1. 屋架变形检测

依据《建筑结构检测技术标准》GB/T 50344—2019及《木结构工程施工质量验收规范》GB 50206—2012有关要求，现场采用TOPCON脉冲全站仪（GPT-3002N型）对五层屋顶木屋架进行挠度检测。检测结果如下（均含施工偏差）：

（1）五层顶东侧梯形木屋架挠度均匀变化，跨中最大挠度值约为65mm。

（2）五层顶西侧梯形木屋架挠度均匀变化，跨中最大挠度值约为71mm。

（3）五层顶中部三角形木屋架挠度非均匀变化，北侧连接节点处挠度约为44mm，跨中处挠度约为10mm，南侧连接节点处挠度约为23mm。

（4）以上三榀木屋架挠度值均满足《民用建筑可靠性鉴定标准》GB 50292—2015中屋架承载变形值要求。

2. 木结构损伤状况检测

依据《建筑结构检测技术标准》GB/T 50344—2019及《木结构现场检测技术标准》JGJ/T 488—2020有关要求对木屋架损伤状况进行检测，检测结果如下：

（1）木屋架承重木构件斜腹杆及上、下弦杆木构件表面均存在不同程度的顺裂、木节等表面缺陷，但未见斜纹、扭纹及虫蛀缺陷。五层屋顶三角形木屋架跨中立柱裂缝最大宽度约为11mm，裂缝深度约为50mm，满足《木结构设计标准》GB 50005—2017中受拉构件方木裂缝深度≤55mm（构件截面宽度的1/4）的要求。

（2）五层屋顶木屋架端部锚入承重墙内的构造符合设计图纸要求，端部构造处未见防护漆，连接处木构件未见裂缝、受潮、腐朽、虫蛀等现象。

（3）所检屋架承重木构件、檩条、椽条局部表面存在因屋面渗漏导致的轻微腐蚀现象，腐朽面积小于原面积的5%。根据《木结构现场检测技术标准》JGJ/T 488—2020，其缺陷等级评定为1级，即轻微腐蚀。

3. 连接节点质量检测

（1）屋架木构件连接处采用榫卯连接、齿连接、螺栓连接、扒钉（扒锯）连接、圆钉连接、钢拉杆连接、U型扁钢（兜铁）连接。除下列情况外，其余连接未见明显变形、松动、裂纹现象（图2.12）。

①局部螺栓连接处的连接盖板出现沿螺栓孔方向的裂纹现象；

②局部扒钉（扒锯）连接处的立柱出现沿扒钉（扒锯）方向裂纹现象；

③局部榫卯连接处榫卯脱开，五层屋顶木屋架下弦螺栓榫卯混合连接处最大拔榫量约为11mm；

④局部螺栓、圆钉、扒钉（扒锯）、U型扁钢（兜铁）连接表面出现轻微锈蚀现象。

（2）木构件未见明显腐蚀、虫蛀，木构件在檐口处未见异常变形现象，木柱与柱顶封边木梁连接处缝隙紧密均匀，木构件不偏歪，整体顺直。

（3）四层屋顶局部连接节点构造与原木屋架设计图纸不一致，缺少扒钉（扒锯）连接。

（4）四层屋顶立柱间"X"型支撑中部节点构造与委托方提供的木屋架设计图纸不一致，支撑中部节点构造缺少垫木。

4. 木材力学性能检测

依据《建筑结构检测技术标准》GB/T 50344—2019、《木结构现场检测技术标准》JGJ/T 488—2020及《木结构工程施工质量验收规范》GB 50206—2012等有关要求，综合分析木屋架受力情况。本着对木屋架完整性及保护原始状态原则，结合木屋架布置与木材选用情况，截取木材样本进行木材力学性能试验，由南京工业大学建设工程技术有限公司进行

（a）四层屋顶木屋架局部"X"型
支撑构件裂缝

（e）四层屋顶木屋架横梁出现干缩裂缝

（i）五层屋顶三角形木屋架U型扁钢锈蚀

（b）四层屋顶木屋架局部连接处未见
　　扒钉，与设计图纸不符

（c）四层屋顶木屋架弦杆干缩裂缝

（d）局部檩条干缩裂缝

（f）四层屋顶木屋架局部干缩裂缝，
　　连接处未见扒钉

（g）四层屋顶木屋架立柱扒钉处出现裂缝

（h）五层屋顶木屋架螺栓连接处出现裂缝

（j）五层屋顶木屋架U型扁钢锈蚀、
　　下弦木材轻微腐蚀

（k）五层屋顶木屋架杆件干缩裂缝

（l）五层屋顶三角形木屋架中部立柱干缩裂缝

图2.12　屋盖木结构损伤及连接节点现状

木材含水率（%）	全干密度（kN/m³）	小清材抗弯强度（MPa）	弹性模量（MPa）	顺纹抗压强度（MPa）	顺纹抗拉强度（MPa）	顺纹抗剪强度（MPa）
10.3	3.66	57.6	9900	36.5	70.5	1.9

注：表中检测结果数值为极限值。

检测（表2.8）。

按照《木结构工程施工质量验收规范》GB 50206—2012有关要求，强度等级满足TC13要求，木材强度设计指标可按照《木结构设计标准》GB 50005—2017中的TC13B取值。

5. 构件安全性复核

根据原始结构设计图纸和检测数据，采用Midas/Gen 2020软件分别对五层、四层屋盖木屋架进行受力分析（图2.13～图2.16）。结果表明，五层木屋架构件承载力均满足要求，四层木屋架大部分构件承载力满足要求，仅右侧屋架中少量构件的组合应力略大，四层端部木屋架与右侧屋架连接处的两根构件局部应力偏大，不满足承载力要求，建议进行加固。

6. 鉴定结论及建议

（1）通过Midas/Gen 2020软件分析，绝大部分木构件承载力能够满足要求，建议对承载力不满足要求的构件进行加固。

（2）对于连接节点，五层屋盖处木屋架的螺栓连接和齿连接承载力均满足要求。但检测发现有螺栓连接处木构件有明显收缩裂缝，建议对有此现象的连接节点进行加固。

（3）大量钉连接节点承载力不满足要求，建议加固。

（4）检测发现大量木构件存在收缩裂缝，建议对裂缝严重且受力影响较大的木构件进行替换，对有一般收缩裂缝的木构件，可采用木用自攻螺钉或包裹FRP方式进行加固。

（5）建议更换锈蚀较严重的扁钢、紧固件等金属构件，对扒钉连接或扒钉缺失处，建议采用自攻螺钉连接或加固。

（6）对于轻微腐蚀的木构件，建议刨除表面腐蚀部分。若构件尺寸影响不大，可不做专门处理，否则须考虑加固。建议屋面应做好防渗漏等措施。

（7）检测未做抗火验算。由于所用木构件尺寸很小，其耐火极限较低，因此建议屋盖下部包覆15mm厚以上的防火石膏板或其他满足要求的防火材料，同时做好屋盖中各类管线的防火处理。

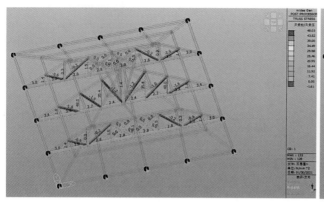

图2.13　五层木屋架桁架应力（1.2恒荷载+1.4雪荷载）

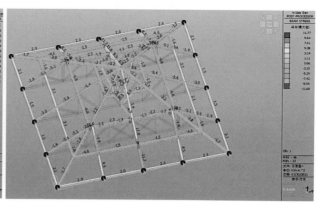

图2.14　五层木屋架梁单元应力（1.2恒荷载+1.4雪荷载）

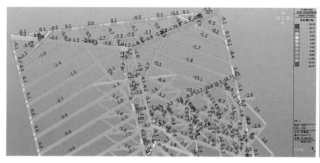

图2.15　四层木屋架左上部分梁单元应力
（1.2恒荷载+1.4雪荷载）（支座三向约束）

图2.16　四层木屋架左下部分梁单元应力
（1.2恒荷载+1.4雪荷载）（支座三向约束）

五、消防安全检测

1. 消防安全难点分析

东北院办公楼建成于1954年，高度25.268m，为主体4层，局部5层的多层办公建筑，每层建筑面积1692m²。设计采用两侧办公室的内走廊形式，走廊长度91.46m，有3部敞开楼梯间，楼梯间相距

27.053m。屋顶为木屋架冷摊瓦设计，属木结构屋面承重形式。彼时并无相应的国家和地方防火规范，消防设计多参考苏联的相关标准内容。直至1956年9月1日我国才颁布实施了最早的建筑设计防火标准《工业企业和居住区建筑设计暂行防火标准》（标准-102-56）。

对于建成近70年的建筑，其消防安全方面会存在诸多隐患，消防设施老化，机电线路破损，建筑平面布局、安全疏散、防烟排烟等均很难达到国家现行标准《建筑设计防火规范》GB 50016—2014（2018年版）（以下简称《建规》）的相关要求。尤其作为近现代文物建筑，其立面造型、主要结构体系和室内厅室、楼梯间、走廊等主要空间形态不得进行本质的改变。因此，对本项目修缮保护和再利用的消防安全达标提出挑战。

2. 消防合规性梳理

借本次修缮契机，设计团队对办公楼消防情况进行了详细梳理，以便提升建筑消防安全、确保修缮改造设计的消防审查验收。对标《建规》以及《建筑防烟排烟系统技术标准》GB 51251—2017，做出评估如下：

（1）建筑屋顶为木屋架承重结构，导致建筑耐火等级无法高于三级。若将每层划分为一个防火分区，将无法满足《建规》中第5.3.1条三级耐火等级建筑防火分区最大允许建筑面积1200m²的限值。

（2）办公楼为主体4层、局部5层的多层办公建筑。满足《建规》第5.3.11条三级耐火等级建筑允许最大层数5层的要求。

（3）办公楼楼梯间形式依据《建规》第5.5.13条规定，可采用敞开楼梯间；疏散距离满足《建规》第5.5.17条有关规定。

（4）原局部五层面积约240m²，仅有1个安全出口，不符合《建规》有关规定。

（5）现走廊长度91.46m，考虑仅将走廊尽端窗户用作自然排烟，无法满足《建筑防烟排烟系统技术标准》中第4.3.2条规定，即自然排烟防烟分区内任一点与最近自然排烟窗之间距离不应大于30m。

（6）木屋架的燃烧性能达不到《建规》有关规定。

以上（1）、（4）、（5）、（6）条存在问题，在设计中须采取相应改善措施。

六、节能效率检测

办公楼原外墙采用490mm厚黏土实心砖，无保温构造。由于年代久远，部分外墙已出现开裂导致渗水现象，降低隔热能力。同时，原屋顶为木屋架冷摊瓦形式，以满铺锯末的不上人吊顶作为其保温方式。因年久失修，屋面水泥瓦出现多处破损，导致锯末常年受到雨水浸润，保温性能大幅下降。经估算，目前建筑的年均能耗标准约为119.35kWh/m²，其中年均供暖能耗更是高达53.82kWh/m²。对于地处严寒地区的东北院办公楼而言，其外围护结构保温性能实则很差，无法满足当今社会低碳可持续的发展理念。因此，如何在建筑设计上提升热工性能，同样成为本次修缮改造的设计重点。

此外，东北院办公楼为典型的东西向建筑，其西侧主立面正对方型广场，西晒现象严重，夏季短时炎热。因此，各部门在使用过程中均不得不自行加装了分体空调。依据文物保护要求，同样需要在本次节能改造中做出统筹考虑，避免在建筑外立面出现额外附加物，恢复建筑原貌。依据《民用建筑热工设计规范》GB 50176—2016、《公共建筑节能设计标准》GB 50189—2015等现行标准，办公楼同样需要结合本次修缮工程做出改造升级。

第二节　调查结果汇总

一、主体结构薄弱

本工程主体建筑四层，局部五层，结构形式属于多层砖混结构。其纵墙承重结构体系实现了大开间的可能，属20世纪50年代较为先进的结构形式。但是由于当时国家尚未颁布施行任何结构抗震设计规范，现有建筑缺少横墙对建筑承重结构的约束联系，结构抗震存在多方面缺陷，对抵抗地震和周边施工振动非常不利。此外，建筑本身早已超过了设计使用年限，建筑墙体砂浆强度低于M2，已经完全失去结构强度，几乎无法抵抗外部振动。更为严重的是，当时的木结构屋面设计未对建筑顶部墙体施加拉力，这使得建筑顶层缺乏水平力约束，在受到较大外部振动影响时，可能造成墙体的开裂甚至倒塌。

因此，出于建筑安全性的考虑，地块大面积施工建设时极易产生施工振动。为保障这座历史建筑的长期屹立，有必要对其结构体系做出加固改造。

二、立面破损严重

依据20世纪50年代设计初衷，建筑平面采用中轴对称布局形式，外立面以水刷石材料为主，搭配中国传统坡屋顶造型，形成简洁、素朴的视觉效果。加之建筑比例与尺度的考究，使得传统与现代元素的结合相得益彰，不失为当代中国建筑崇尚平和与自然设计美学的典范。

但依据市容风貌整改需要，建筑曾经历两次立面涂料粉刷，原有水刷石立面肌理效果已近乎被掩盖。而近70年的风雨侵蚀，外立面装饰线脚和墙皮已出现多处脱落。虽未造成人员伤亡，但立面破败现象严重。依据历史建筑保护原则，须清洗掉粉刷涂料，修补脱落的细部装饰并修复开裂的墙皮，以恢复建筑原有风貌。

此外，长年的风吹雨淋使得建筑屋面瓦片（水泥灰瓦）出现不同程度碎裂、缺失，屋面遮风挡雨能力大幅降低，大雨之后渗漏现象频发。同时，建筑的外窗历经多次修补更换，样式杂乱。因此，修缮工程还须考虑屋面防水，瓦片、外窗的更换与修整。

三、设备管线老化

建筑内部各种设施受制于当时设计标准限制，早已不堪重负，即使经过数轮零星改造升级，也再没有更多的提升空间。其中，由于电气线路老化引发局部火灾多次，供暖管线爆裂引发水淹多次，污水管线返水毁坏档案数次。虽无人员伤亡，但却造成很多重要技术资料的永久性损失，无法复原。

出于以上考虑，建筑机电系统的改造也日渐提上日程。借助本次修缮契机，须对建筑设备的整体功能做出相应升级，以更好满足现代人们工作使用需要，避免再次因设备功能的不完善而造成更大的损失。

四、使用功能滞后

伴随我国精神文明建设的发展，对残障人士的人文关怀与尊重日渐受到社会各界的广泛关注，无障碍设计已然成为当今时代建筑设计的必要标准。办公楼因建成年代的条件局限，缺少电梯等辅助设施。另外，新中国成立初期女性就业率相对较低，办公楼卫生间男女厕位配置比例严重失衡且数量不足，高峰期间出现严重的排队等

候现象。借本次修缮改造之机，须对楼内竖向交通设施（电梯）、坡道、无障碍卫生间等使用功能做出全面的升级。

五、消防安全隐患

东北院办公楼的建成时间已近70年，如需继续使用，其消防安全存在隐患。首先，建筑屋面承重系统采用传统的人字形木屋架、木檩条，上铺灰色水泥瓦，屋架下吊顶采用锯末保温隔热，燃烧性能达不到相关要求，存在较大火灾隐患。沈阳采用同类型屋架结构的建筑已发生过多次火灾，如原沈阳建筑大学主教学楼、沈阳市二十中学主教学楼等，屋面都曾被火灾破坏过。同时，由于没有自动喷淋灭火系统，建筑一至四层的防火分区面积不能满足要求，而局部五层的出口数量也存在不足。此外，办公楼还存在消防设施老化、机电线路破损等现象，而作为自然排烟的建筑，其排烟口间距也相对过大。

因此，出于文物建筑保护要求以及对人员生命财产安全的考虑，须在本次修缮中对以上火灾隐患逐一进行消除。

六、低碳节能需要

在"双碳"目标的背景下，实现建筑领域节能降耗、发展绿色低碳建筑已经成为必然的趋势。但

由于此建筑的设计建造年代较早，当时我国并无任何绿色建筑评价标准作为设计指导，且人们对室内工作舒适度的要求也与当今大为不同。因此以今天的标准来看，例如建筑外墙为490mm实心黏土砖墙，屋顶为木屋架冷摊瓦，顶棚以满铺锯末的不上人吊顶作为其保温方式，而地面也为天然地基水磨石地面且并无保温层等，很多设计已经不合时宜。另外，外门窗原为木门窗，20世纪90年代更换为保温性能欠佳的单层铝合金门窗。就节能角度而言，这些设计难以满足当今时代发展需要。出于后续使用过程中降碳环保及运维成本的双重考虑，对其进行节能改造已势在必行。

第三章 修缮篇

　　近现代建筑遗产保护与修复的核心宗旨在于对历史空间的存续和再生。结合调查勘测结果，设计团队随即展开修缮方案论证，本着"敬畏历史、最小干预"的原则，以历史档案为参考，进行修复。在尊重"真实性"的基础上，实现最大限度地历史风貌保存与使用价值提升的平衡与兼顾。本章主要结合修缮设计方案，重点对结构加固、屋顶、外墙、室内空间设计等修缮工艺进行介绍，对其材料选择、实施流程、关键时间节点等做出较为详尽的整理、记录，以备后续查阅。

第一节　修缮设计

一、修缮设计原则

修缮工程须严格遵照我国"保护为主，抢救第一，合理利用，加强管理"的文物保护工作方针。东北院办公楼的修缮设计原则依据我国《中华人民共和国文物保护法》《中国文物古迹保护准则》及国际通用《威尼斯宪章》等相关要求确定，以尽可能保存真实的历史信息，最低限度地干预文物建筑，避免维修过程中的"修缮性破坏"，为后人开展进一步文物保护、研究工作提供便利。

1. 真实性原则

《威尼斯宪章》提出："修复过程是一个高度专业性的工作，其目的旨在保存和再现文物建筑的美学与历史价值，并以尊重原始材料和确凿文献为依据。一旦出现臆测，必须立即予以停止。"真实性原则要求修缮工程务必在具有确凿证据的情况下，最大限度地保持原有格局、结构和空间形式，尽可能保留原有外形、设计、材料、材质、传统工艺乃至周边环境，避免不必要的更换、拆除，以最大限度地确保文物建筑真实的信息传承。

2. 最小干预原则

梁思成提到文物建筑保护的目的"是使它延年益寿，不是返老还童"。在文物建筑的保护修复过程中，人为干预得越多，就越有可能混淆历史的本来面目。修缮措施应尽量采取干预程度较低的方式，在保证文物安全的基本前提下，通过最低程度的干预介入修缮工作来最大限度地维系文物的原本面貌，保留文物的历史、文化价值，以实现延续现状、避免"修缮性破坏"的目标。

3. 可识别性原则

可识别性原则是指在文物建筑修缮的过程中，任何不可避免的添加都必须与该建筑的原有构成有所区别，并且必须有现代标记。缺失部分的修补虽必须与整体保持和谐，但同时须区别于原作，以使修复尊重其艺术或历史见证。不同时期、不同风格的增补构件或添加痕迹须做到严格的清晰可辨，决不可混淆不清，甚至"以假乱真"。务必要做到原物的可识别、过程的可识别以及现状的可识别，最大限度地尊重文物建筑所承载的历史信息，确保修缮过程的可读性。

4. 可逆性原则

《威尼斯宪章》提出："当传统技术被证明为不适用时，可采用任何经科学数据和经验证明为有效的现代建筑及保护技术来加固古迹。"受时代技术条件制约，一些修复加固方式可能并非最为恰当的选择，抑或仅为无奈之举。待更好的技术手段或处理方法出现时，当考虑对原有修复措施做出替换与更正。因此，修复过程须具有可逆性，即"一切干预都应该是可以撤销的、可逆的，并且不会对文物造成破坏"。可逆性原则的宗旨在于强调谨慎选择当下既有技术，以避免对文物建筑原风貌、结构、材质等造成永久性的破坏。在尽可能延续文物价值的同时，兼顾未来修缮工作的可实施性，实现建筑修复的弹性可逆。

5. 可持续原则

除一般性文物建筑历史价值、艺术价值与科学价值等遗产保护价值外，办公楼还更多承载了其现实使用价值。自建成之日至今，东北院办公楼的使用功能均未曾发生本质性改变，甚至在修缮完成后仍将得以延续。但由于办公楼的建成年代较早，受当时时代发展制约，在结构性能、消防安全、节能设计等诸多方面都存在相当程度的不适宜性。因此，办公楼的修缮工程作为一项"活态"的遗产传承，其解决问题的思路决不可单纯地局限于文物修缮本身，还应立足当今时代发展和需要，使其延年益寿，持续地为人类社会做出贡献。本次修缮应以科学的眼光对不同保护价值间的平衡关系进行合理解析，兼顾文物遗产价值保护的同时，协调多方诉求，实现建筑的可持续利用。

二、修缮方案设计编制

由于年久失修，加之使用过程中的后续改造、立面粉刷以及闲置期间人为破坏等因素，建筑屋面、门窗、线路乃至结构等多项建筑构件老化、朽损严重，亟须进行修缮。中建东北院依据调查及各项检测结果，对办公楼修缮工程制定了全面的设计方案，以确保文物建筑本体安全，保障后续正常使用。

1. 修缮设计依据

《中华人民共和国文物保护法》
《中国文物古迹保护准则》
《文物保护工程管理办法》
《建筑抗震设计规范》GB 50011—2010
《木结构设计标准》GB 50005—2017
《砌体结构设计规范》GB 50003—2011
《建筑抗震加固技术规程》JGJ 116—2009
《建筑设计防火规范》GB 50016—2014（2018年版）
《建筑防烟排烟系统技术标准》GB 51251—2017
《建筑内部装修设计防火规范》GB 50222—2017
《民用建筑热工设计规范》GB 50176—2016
《公共建筑节能设计标准》GB 50189—2015
《建筑外门窗气密、水密、抗风压性能检测方法》GB/T 7106—2019
《屋面工程技术规范》GB 50345—2012
《民用建筑设计统一标准》GB 50352—2019
《无障碍设计规范》GB 50763—2012

2. 建筑修缮工程方案设计

（1）结构加固

作为近七十年历史的老建筑，东北院办公楼在墙体、楼面板、木屋架等方面均呈现出不同程度的缺陷和损伤。经结构检验，承重墙砂浆早已失去当时设计强度，须对包括外墙在内的全部墙体和楼板进行加固。原走廊楼板为预制钢筋混凝土楼板，因其墙体缺少圈梁，无法满足抗震设计需要。此外，原木屋面结构也无法形成刚性体系，加之年久失修，部分杆件及其连接构件出现腐蚀、裂纹、锈蚀现象，存在巨大的安全隐患。

结构加固必须在文物保护原则的限制下，同时还须兼顾施工可实施性、使用的安全性与经济性。为此，中建东北院邀请辽宁省建筑设计研究院有限责任公司、辽宁省建设科学研究院有限责任公司、沈阳建筑大学等单位的行业专家对办公楼结构加固方案进行了研讨。在确保原有结构形式、空间特征、立面形象不变的前提下，经多方比选，确定如下结构加固设计方案：

①增加抗震横墙，改善原结构的设计初始缺陷，使结构抗震体系更加合理，提升结构抗震性能；

②采用钢筋网水泥砂浆面层和钢筋混凝土面层加固墙体，以解决墙体抗震验算不足的问题；

③对原结构楼板板顶采用铺设50mm混凝土面层，并于板底粘贴高强钢丝布，以提高构件刚度、强度；

④对原结构梁采用梁底粘贴高强钢丝布，并于梁双侧涂抹硅烷浸渍涂料，提高构件耐久性；

⑤原结构敞口屋面须新增钢梁、水平刚性系杆及钢支撑，钢梁上铺钢骨架轻型板，形成屋面刚性体系；

⑥原结构走廊部分为预制板，考虑整体抗震构造的补强，应在走廊两侧增设圈梁进行加固，增加房屋整体抗震性能；

⑦采用自攻螺钉和扒锯钉对木屋架进行加固处理。

（2）消防改造

文物建筑的消防设计不同于其他既有建筑，需要在不损坏文物建筑本体、不影响文物价值的前提下，本着尊重历史、安全适用、先进合理的原则提升消防性能。结合对东北院办公楼消防隐患和设计重难点的系统梳理，设计团队制定了相对应的消防改造设计方案（图3.1和图3.2），旨在确保结构安全、文物建筑空间特征不变的前提下，最大程度符合国家现行标准，提升建筑消防性能，确保后续使用安全。具体技术措施如下：

①原建筑采用木屋架作为建筑屋顶承重结构，建筑耐火等级可达到三级。结合结构加固方案，在原四层和局部五层敞口砖墙顶部新增设钢结构拉接层，形成屋面刚性体系，并在其上铺设耐火极限为1.0h的混凝土复合夹芯板，使之与拉接层一起形成屋面承重结构。这使建筑物的整体性得到大幅提升。新增混凝土复合夹芯板可将屋面木屋架与下方使用空间进行隔离，因此屋架不再作为屋顶承重体系，建筑的耐火等级可判定为二级。依据《建筑设计防火规范》GB 50016—2014（2018年版），本工

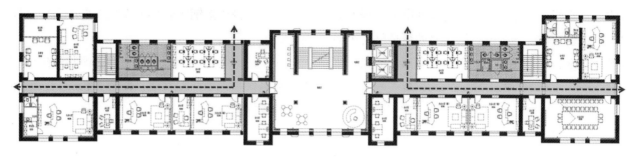

图3.1　消防改造后走廊排烟形式

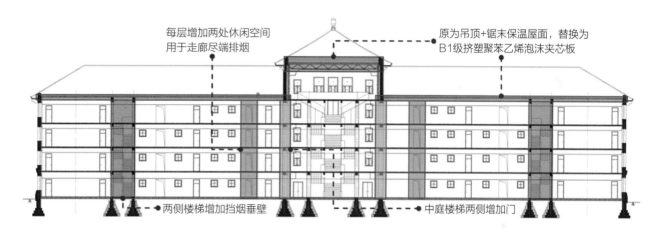

每层增加两处休闲空间
用于走廊尽端排烟

原为吊顶+锯末保温屋面，替换为
B1级挤塑聚苯乙烯泡沫夹芯板

两侧楼梯增加挡烟垂壁

中庭楼梯两侧增加门

图3.2　消防改造剖面示意

程每层建筑面积1692m²，满足防火分区最大允许面积的要求（表3.1）。

②将走廊靠近楼梯厅的房间改为开敞休息空间，其外窗可作为走廊的排烟窗。由此，建筑的排烟窗距离可满足《建筑防烟排烟系统技术标准》GB 51251—2017第4.3.2条规定的，自然排烟防烟分区内任一点与最近自然排烟窗（口）之间的水平距离不应大于30m的要求。此外，每层两侧楼梯还增加了挡烟垂壁，阻隔烟气进入敞开楼梯间。

③原建筑局部五层面积240m²，仅有一个疏散出口通至中部敞开楼梯。然而出于文物建筑保护需要，并无增加疏散口的可能。因此，本次改造将其作为休息、眺望、展示等功能，不设固定设施和家具，并严格控制其使用人数不得超过30人。此外，

在每层中部楼梯厅与走廊之间增加疏散门，将走廊分隔成两部分，使中部敞开楼梯间形成封闭楼梯间，增加人员疏散的安全性。由此，四层楼梯厅便可作为安全疏散出口使用，令局部五层空间的最不利点疏散距离满足现行标准要求（表3.2）。

④建筑内部装修材料选择，严格遵循《建筑内部装修设计防火规范》GB 50222—2017所规定的燃烧性能等级。

⑤空调系统采用风机盘管系统，房间自然通风排烟。消防采用消火栓系统，与原建筑保持一致，最大限度保持建筑公共空间的原貌，符合文物保护相关要求。

改造后防火分区统计表　　　　　　　　　　表3.1

编号	楼层	分区面积（m²）	功能	是否设置自动灭火系统	安全出口数量	出口宽度（m）	最远房间门至安全出口疏散距离（m）	房间内最远疏散距离（m）
1	1F	1692.06	办公	否	3	6.0	16.7（尽端），20.2（之间）	9.6
2	2F	1432.23	办公	否	3	4.9	10.6（尽端），14.9（之间）	11.3
3	3F	1432.23	办公	否	3	4.9	10.6（尽端），14.9（之间）	11.3
4	4F	1432.23	办公	否	3	4.9	10.6（尽端），14.9（之间）	14.2
5	5F	240.25	休息厅	否	1	1.5	—	13.1

疏散宽度计算表　　　　　　　　　　表3.2

楼层	使用功能	建筑面积（m²）	人员密度（m²/人）	疏散人数（人）	规范疏散指标（m/百人）	规范疏散宽度（m）	设计疏散宽度（m）
1	院史馆	309	0.34	309	1.0	3.86	1.5×4=6.0
	办公室	309	6	77			
	合计	618	—	386			
2	办公室	616	6	154	1.0	1.54	1.25×2+2.4=4.9
3	办公室	616	6	154	1.0	1.54	1.25×2+2.4=4.9
4	办公室	616	6	154	1.0	1.54	1.25×2+2.4=4.9
5	局部五层	158	1	限定30人	1.0	—	1.5

（3）节能改造

依据《民用建筑热工设计规范》GB 50176—2016、《公共建筑节能设计标准》GB 50189—2015、《建筑外门窗气密、水密、抗风压性能检测方法》GB/T 7106—2019及国家、地方其他现行标准，本次修缮做出如下节能改造升级（表3.3～表3.6）：

①外墙：考虑文物建筑原真性原则，本工程保持原建筑外墙不变，以内保温"夹心墙"方式内贴50～150mm厚聚氨酯发泡保温板，并以90mm厚蒸压加气混凝土砌块进行封包。门厅处东西侧外墙，内贴80mm厚岩棉保温，并以20mm厚双层矿棉板进行封包。

②屋面：新增钢筋混凝土楼板采用180mm厚保温夹芯板，内夹160mm厚挤塑聚苯乙烯泡沫板。

③地面：在地面垫层下铺60mm厚挤塑聚苯乙烯泡沫板。

④外窗：外窗采用单框三玻断桥铝包木高效节能窗。玻璃采用"5Low-E+18氩气+5透明+18氩气+5Low-E"中空玻璃，整窗传热系数为1.2W/（m²·K）。

⑤其他保温构造：门、窗等洞口处均采用发泡聚氨酯填充，靠室内外侧与饰面交界处设置绝热嵌缝条，并采用耐候密封胶封严。

⑥空调系统：将原分体空调全部拆除，改为中央空调系统。

窗墙面积比、体形系数与《公共建筑节能设计标准》限值对比　　表3.3

	窗墙面积比				体形系数
	东	南	西	北	
改造后	0.28	0.15	0.28	0.15	0.23
限值	<0.6	<0.6	<0.6	<0.6	<0.4

改造后建筑各围护结构热工性能与《公共建筑节能设计标准》限值对比　　表3.4

围护结构部位	热工性能	限值
	传热系数K［W/（m²·K）］	
屋面	0.29	≤0.35
外墙平均	0.39	≤0.43
底面接触室外空气楼板	—	≤0.43
采暖、空调房间与非采暖、空调房间隔墙	—	≤1.5

围护结构部位	热工性能	限值
	传热系数K［W/（m²·K）］	
采暖、空调房间与非采暖、空调房间楼板	—	≤0.7
南窗	1.2	≤2.9
北窗	1.2	≤2.9
东窗	1.2	≤2.6
西窗	1.2	≤2.6
围护结构部位	保温材料层热阻R［（m²·K）/W］	
地面	2.0	≥1.1
地下室外墙	—	≥1.1

选用保温材料物理性能　　　　　　　　　　　　　　　　表3.5

名称	导热系数 ［W/（m·K）］	密度 （kg/m³）	燃烧性能
岩棉板	0.040	110	A
挤塑聚苯乙烯泡沫板	0.030	35	B1
聚氨酯发泡保温板	0.024	40	B1

节能改造前后能耗情况对比　　　　　　　　　　　　　　表3.6

能耗类项	改造前（木窗） kWh/（m²·a）	改造前（铝合金窗） kWh/（m²·a）	改造后 kWh/（m²·a）
供暖能耗	43.73	53.82	30.42
制冷能耗	24.40	20.16	24.92
照明能耗	17.02	17.02	8.96
设备能耗	28.36	28.36	28.45
总计	113.50	119.35	100.87

注：表中数据为作者依据Design Builder软件模拟计算得出。改造前建筑典型房间的热工参数为依照《公共建筑节能设计标准》GB 50189—2015中附录B进行的权衡取值。改造后制冷能耗存在少量增加，分析其原因在于外墙采取保温措施后，围护结构热阻相对增大，从而导致室内热稳定性增强，阻隔了室内向外界的散热，令室内空调冷负荷略微增加。

（4）屋面

①揭取原坡屋面破损、塌陷的水泥瓦面，重新修缮瓦屋面；

②重做顶层和四层局部屋面并铺设防水层，其屋面防水等级为Ⅰ级。

（5）屋架

①维修、加固屋面木梁架，补配、更换朽损的构件，修补、加固开裂破损的木构件；

②重新铺设坡屋面顺水条、挂瓦条；

③对屋面木结构重新进行防腐、防虫、防潮等处理，更换通风口筛网。

（6）外墙

①剔除现有空鼓水刷石立面，并对原始结构砂浆层进行注浆加固；

②对开裂、脱落的线脚及构件部位进行修补加固；

③统一对墙面整体的涂料粉饰层进行剔除、清洗；

④针对原有建筑的外挂空调对立面造成的破坏做出修补。

（7）楼梯

按照原形制修补脱漆、磨损的木质扶手和金属构件。

（8）室内棚面、墙面、地面

①由于本楼经历了近70年的使用和多次内部改造，室内顶棚纹饰成片破坏、原地面材料已尽数更换为地砖等其他材料；再有本楼根据结构检测结果，分别于楼板底面和上面采取了加固措施，室内顶棚也重新按照原形制恢复；

②室内地面按照功能分区分别进行了改造升级；

③墙面为便于维护管理，将原大白墙面升级为乳胶漆饰面。

（9）无障碍设计

①在原中央门厅、楼梯厅处增加两部乘客电梯；

②于原建筑一层北侧卫生间处，增设无障碍卫生间；

③消除主入口、建筑各楼层以及办公楼与新总部大厦交接处的高差，并于建筑入口处增设无障碍坡道，确保残障人士正常通行。

（10）周边环境

①补砌加固缺失的墙体及门窗，恢复建筑原风貌；

②建筑四周排水沟根据场地现状标高重新修缮；

③修复周边花坛及门廊部分的地面石材，重新设计标高。

（11）电路

由于部分电路老化朽损，且经过多次改造，因此本次维修在现有已改造电路的基础上进行修复，并遵守《中华人民共和国文物保护法》《中华人民共和国文物保护法实施条例》及《中国文物古迹保护准则》的相关要求，保证文物建筑的使用安全。

第二节 修缮工程

一、结构加固工程

结构加固即对原有建筑结构通过加固补强，使之能够满足新的使用功能要求及保证结构的安全性、可靠性。项目建设年代无抗震规范指导，这些年代久远建筑的结构已不能满足国家现行规范要求。经过近七十年的使用，办公楼已超过当初设计使用年限，建筑安全性、适用性和耐久性等存在诸多问题。本修缮工程重点针对横墙、楼板、梁、屋面等部位进行了加固补强，以提升建筑抗震能力，确保后续使用年限中的安全性。

1. 增设横墙

依据结构安全性检测结果，本项目为砌体结构，最大横墙间距为19.46m，无法满足现行规范要求，应增设抗震横墙。

如图3.3所示，原设计在⑦轴处布置有温度伸缩缝且为开口端墙，这对房屋整体抗震性能极为不利。在本次加固改造过程，须在⑦轴处（图中"A"处）增设240mm厚砌体承重横墙，并增设抗震缝，使建筑能够分为两个独立结构单元。另外，原设计④~⑦轴、⑫~⑮轴间的横墙间距为19.4m，已超出规范要求，须在⑥轴、⑬轴处分别增设240mm厚砌体承重横墙，即图中"B"处。

新增横墙采用砌体抗震墙、混凝土条形基础形式，其砌块强度应采用MU20，砂浆强度应采用M10。新增横墙与旧墙间采用"钢筋网片+钢筋混凝土内柱"方式进行连接，即在新旧墙体之间设置现浇混凝土内柱，在柱内埋设钢筋与原墙体拉结紧密，使之结为一体。内柱宽240mm与新墙等

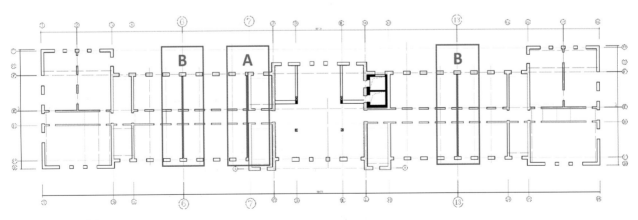

图3.3 增设横墙布置图

厚，纵筋用4φ12，箍筋用φ8@200。为增强内柱与旧墙的咬合能力，内柱与旧墙连接处沿高度做成60mm×180mm企口，L型锚筋φ12@400。内柱与新砌筑墙体的交接处应设置马牙槎，设置2φ6拉结筋，伸入墙内长度不少于1000mm，具体做法见图3.4所示，施工照片见图3.5。

新增砌体抗震墙与楼盖梁、板的连接应做到接触面紧密贴合，不得出现松动和离空现象，以确保水平荷载、竖向荷载的有效传递。墙顶设置与墙同宽的现浇钢筋混凝土压顶梁，并与楼盖梁、板连接可靠，可按500~700mm间隔分段设置φ12锚筋或M12锚栓连接。压顶梁高不应小于120mm，纵筋采用4φ12，箍筋采用φ6@150。新增砌体抗震墙下部设置混凝土条形基础，有两种处理方案：一种为与周边原基础完全脱开的形式，另一种则须与原墙下毛石基础共同加固处理的形式，做法如图3.6所示，施工照片见图3.7。

2. 墙体加固

根据房屋砌体墙承重现状，采用砖混结构模型，按现有检测强度（红砖抗压强度推定值MU12，砌筑砂浆抗压强度M2）进行计算分析。验算结果显示：①~⑦轴一层、二层个别墙体抗震验算不足，三层以上均满足要求。⑦~⑱轴一至三层个别墙体抗震验算不足，四层以上均满足要求。验算不足的墙体应按《建筑抗震加固技术规程》JGJ 116—2009中规定进行加固处理。具体工艺方法，因加固墙体部位不同而有所差异。

对于一般性墙体，考虑其实际砌筑砂浆强度等级仅为M2，故可选用钢筋网水泥砂浆面层法进行加固。加固用水泥砂浆强度等级不低于M15，室内正常环境为40mm，采用电焊方格钢筋网，其竖向钢筋直径φ8@250，水平钢筋直径φ6@250，做法详见图3.8。对于中部五层部位墙体，考虑其顶部加设钢结构桁架时须以周边砌体墙作为支撑点，故采用钢筋混凝土面层加固法进行墙体加固，具体做法如图3.9，施工照片见图3.10。

3. 楼板和梁的加固

（1）混凝土楼板加固

原现浇混凝土楼板厚度为80mm，仅中部楼梯厅部分板厚为90mm，混凝土强度等级为C10。楼板面外刚度较弱，局部楼板产生颤动，考虑舒适性和耐久性须对楼板进行加固。加固方法为板顶铺设50mm混凝土面层，配置单层双向φ8@200钢筋；板底采用高强钢丝布-聚合物砂浆加固法进行加固，施工照片见图3.11。

高强钢丝布-聚合物砂浆加固法，属于钢丝网复合砂浆加固法，就是将高强钢丝（网格）布与渗透性较强的加固（混凝土）用聚合物砂浆混在一起，并与原混凝土完全交接为一体，从而形成可靠增强层的一种加固方法，其加固性能模拟详见第四章技艺篇。高强钢丝布可以使加固层更加密实，既能提高加固构件的承载力，还能使砂浆的抗震性、

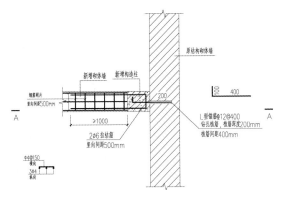
（a）焊接钢筋网片　　（b）钢筋网片+构造柱

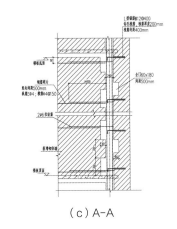
（c）A-A

图3.4　新旧墙体交接处构造做法

（a）新增构造柱拉结筋绑扎

图3.5　新旧墙体交接处施工现场照片

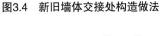

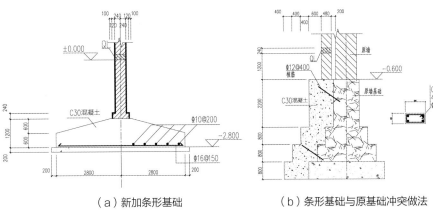
（a）新加条形基础　　（b）条形基础与原基础冲突做法

图3.6　新增横墙条形基础构造做法

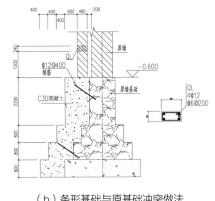
（a）开挖

图3.7　基础加固施工现场照片

抗冲击性和耐久性得到较大幅度的提高。这种技术在建筑结构的加固中使用广泛，有如下特点：

①耐火性、抗腐蚀性较好，可以减缓加固层的老化速度；

②高强钢丝布的抗拉强度比较高，可以使加固构件的抗弯能力显著提高；

③施工的技术与方法比较简单，不耗费时间和人力；

④既抗弯又抗剪，使建筑结构的安全性得到保障；

⑤安全性持久。

钢丝网复合砂浆加固法，在国家标准《混凝土

（b）新增墙体砌筑

（c）构造柱拉结筋绑扎效果

（d）新增墙体砌筑效果

（b）钢筋绑扎

（c）加模支护

（d）加固后效果

结构加固设计规范》GB 50367—2013中已有相应规定，规范中要求加固抗弯构件，钢丝绳端部应采用机械锚固。高强度钢丝布-聚合物砂浆加固法采取多种对其进行升级，其一选用更细钢丝线、间距也较窄的高强钢丝布，钢丝绳端无须采用机械锚具，依靠砂浆与高强钢丝布的握裹力来满足钢丝线的锚固。其二通过聚合物、超细粉改性等技术手段，研发配套的高性能聚合物砂浆，改善密实度，以提高高性能砂浆的力学性能和与高强钢丝布的握裹力。其三为提高聚合物砂浆与加固混凝土的黏结力和耐久性，内掺纳米级的活性渗透材料，使其渗透并结晶在高性能聚合物砂浆和所加固混凝土的毛细孔

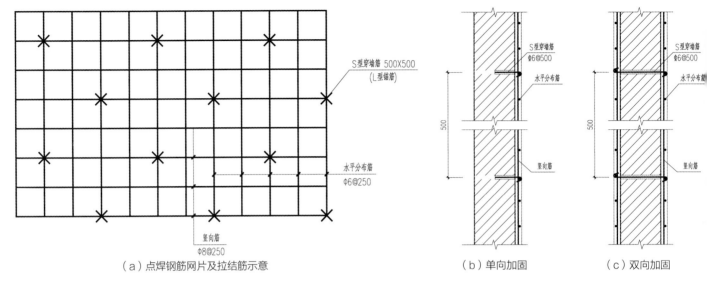

（a）点焊钢筋网片及拉结筋示意

（b）单向加固

（c）双向加固

图3.8　钢筋网水泥砂浆面层加固法

（a）墙面检查

（b）绑扎钢筋网

（c）加固钢筋网铺设完成

图3.10　砌筑墙面层加固施工现场照片

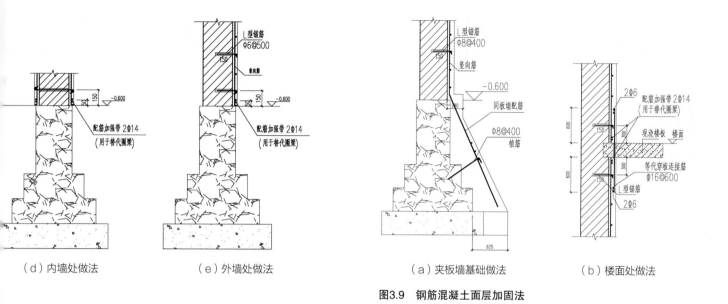

（d）内墙处做法 （e）外墙处做法 （a）夹板墙基础做法 （b）楼面处做法

图3.9　钢筋混凝土面层加固法

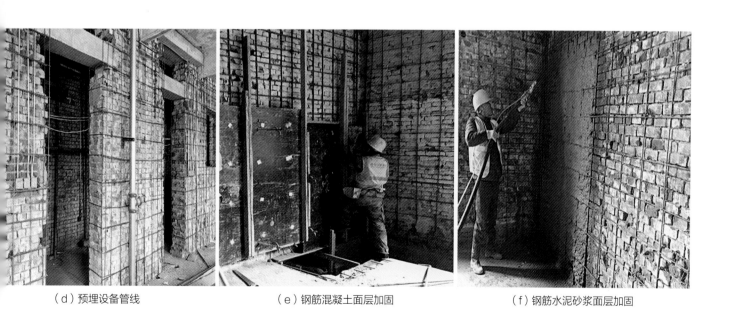

（d）预埋设备管线 （e）钢筋混凝土面层加固 （f）钢筋水泥砂浆面层加固

| （a）板顶增设现浇层 | （b）板底高强砂浆加固 | （c）板底铺设加固钢丝网 |

图3.11　楼板加固施工现场照片

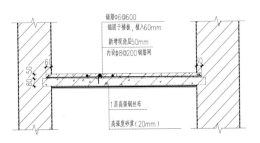

图3.12　板底高强钢丝布-聚合物砂浆加固法构造 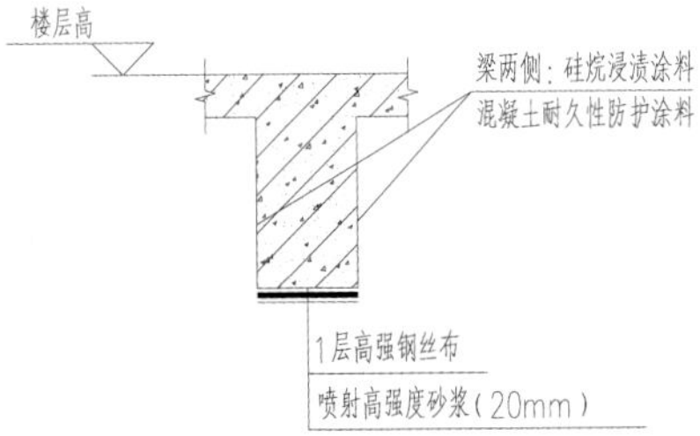　　图3.14　混凝土梁加固做法 　　（a）临时加固支撑

图3.15　新增圈梁施工现场照片

中，使两者很好地结合成一体，大幅提高加固系统的耐久性能。高强钢丝布、加固用高性能聚合物砂浆强度及施工步骤如下：

①高强钢丝布：抗拉强度不小于2950MPa，弹性模量不小于190GPa，极限拉应变不低于2.0%，单位宽度拉力不小于2.48kN/cm；

②加固用高性能聚合物砂浆：厚度20mm，7天抗压强度不小于40MPa，28天抗折强度不小于12MPa，28天黏结强度不小于2.5MPa，以保证与高

强钢丝布之间的适配性；

③高强钢丝布-聚合物砂浆加固混凝土楼板施工工艺流程如下：施工准备→原混凝土楼板基层处理验收→放线定位→基层清理→界面胶施工→加固用高性能聚合物砂浆制备→板底涂抹第一层聚合物砂浆→在砂浆上铺设高强钢丝布→涂抹第二层聚合物砂浆→表面刮平压光→聚合物砂浆养护→表面处理和防护→检查验收。做法详见图3.12。

（d）板顶钢筋锚固

（a）加固前清理

（b）浸渍涂料粉刷

图3.13　混凝土梁加固施工现场照片

（b）钢筋绑扎

（c）混凝土灌注

（d）拆模后效果

（2）混凝土梁及圈梁加固

原混凝土梁强度等级为C15，经计算复核均满足强度要求，但考虑到碳化深度较深，须做耐久性加固处理，施工照片见图3.13。加固方法如下：

①梁底粘贴高强钢丝布进行加固，与楼板加固方式相同；

②梁侧涂刷硅烷浸渍涂料。此材料具有较强的渗透能力，能够渗透到基材内部的微孔内，同时在催化剂的作用下，能在微孔的壁上与活性基团或自身发生反应，牢固地附着在基材表面，从而提高了材料的防水、耐沾污和耐久性能。具体做法详见图3.14。

另外，根据《建筑抗震鉴定标准》GB 50023—2009要求，装配式混凝土楼盖、屋盖的砌体房屋，每层均应有圈梁。本工程走廊部分为预制板，在走廊两侧增设圈梁进行加固，采用现浇钢筋混凝土，强度等级为C30，截面高度为200mm、宽度为150mm，纵筋采用4ϕ12，箍筋采用ϕ6@200，墙两侧圈梁采用销键连接，施工照片见图3.15。具体做法如图3.16。

4. 屋面刚性体系加固

原建筑两侧四层，中间局部五层，屋面均为人字形木屋架。其中四层顶木屋架为无下弦的人字屋架，缺少下弦杆，且按消防要求屋面层须要新增一层防火屋面。结合以上两点，在屋架下弦处增设水平支撑体系（图3.17），该体系由钢梁、水平刚性系杆及钢支撑组成，钢梁上铺钢骨架轻型板（天基板），如图3.18和图3.19。

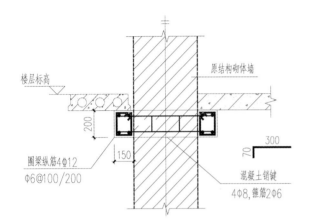

图3.16 新增圈梁做法

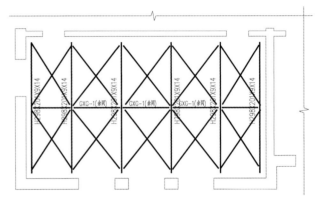

图3.18 四层顶屋面水平支撑体系布置图

图3.17 屋面水平支撑体系施工现场照片

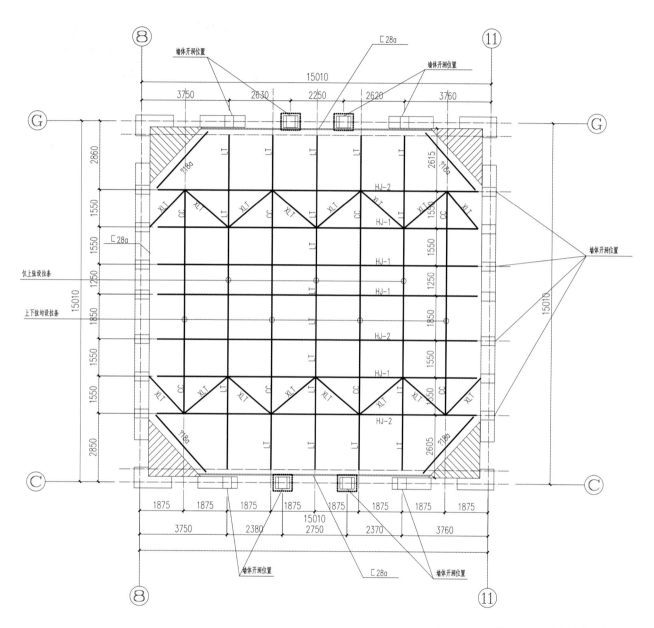

图3.19 五层顶屋面水平支撑体系布置图

二、屋顶工程

1. 屋面瓦修缮

办公楼建筑屋面采用灰色水泥瓦铺制，是具有时代特色的典型做法。瓦面整体保存较为完好，但因年久失修，部分屋面瓦表皮面层出现开裂、脱落或缺失现象。尤其两侧边楼坡面交汇阴角处损坏现象最为严重，造成屋面漏雨。

此外，中央局部五层屋面有四条攒尖垂脊，脊筒陡板雕刻几何花纹，每条垂脊有三小一大几何雕花造型垂脊头。两侧边楼也各有脊筒陡板雕刻几何图案正脊二条，正脊几何雕花造型正吻二份。受长年风雨侵蚀，现脊筒表面污染严重，雕刻图案纹理不清，更有部分脊筒开裂，包括垂脊头在内，残损现象严重。

为最大限度恢复屋面原貌，修缮过程拆除正脊、垂脊、正吻、垂脊头等屋面构件进行清洗。并用树脂胶修复炸裂的脊筒、正吻和垂脊头等脊件，

重做补齐缺失的脊筒、垂脊头。拆除现破损的屋面瓦，并按原设计规格补配、换新，作重新铺设。瓦材的横向搭接（包括脊瓦）应顺应年最大频率风向，并满足瓦材搭接的构造要求。而其纵向搭接则应按上瓦前段紧压下瓦尾端的方式排列，搭接长度必须满足瓦材应搭接的长度要求（图3.20）。待瓦材铺装完成后，用清洗后的脊筒挑正脊、垂脊，安装正吻、垂脊头，并用防水砂浆将瓦与脊筒根部交接处抹平压实（图3.21）。

2. 木屋架补强修复

在瓦面拆除后，应对其坡屋面木基层进行检测。通常认为，木构件朽损的断面面积大于构件设计断面的1/5时，应当考虑更换；对于木构件劈裂、顺纹裂缝的深度和宽度不得大于构件直径的1/4，裂缝的长度不得大于构件本身长度的1/2，斜纹裂缝在矩形构件中不得裂过两个相邻的表面，在圆形构

（a）原屋面瓦拆除

（b）盖瓦

（c）瓦件锚固

图3.20　屋面瓦修缮

件中裂缝长度不得大于周长的1/3，超过上述限值应考虑更换构件。修复原则为按原制补配朽损的金属构件，加固破损的木构件，更换腐朽的木构件。同时，木屋架维修与加固必须符合《古建筑木结构维护与加固技术标准》GB/T 50165—2020的规定标准和设计要求。

办公楼屋顶采取三角形木屋架结构形式，整体保存较为完好，但由于部分杆件出现开裂、腐蚀，连接构件存在锈蚀、缺失现象，导致承载力不足，须要进行加固。如部分屋架上存在铁钉、垃圾等异物或大面积水垢；中央局部五层屋面雷公柱及其斜撑、两侧四层屋架水平梁、斜梁、拉杆等构件，已出现多处长短不一的收缩裂缝及少量虫蛀痕迹，造成拉结作用的严重不足；又如部分吊杆铁件、梁接头两端固定木夹板的螺栓铁件已出现大面积的锈蚀，木夹板本身也出现了劈裂；一些榀架植入墙中的裸露部分已出现明显的腐烂

现象，且具体程度不明……这些破损现象都严重地影响了屋架结构的力学性能，造成后续使用过程存在安全隐患。另外，木基层检修时发现部分橡子因长期雨水侵蚀已出现腐烂现象，且部分挂瓦条与实际维修瓦间距设计值不符，同样需要在本次修缮改造过程中进行处理。

结合结构加固方案对木屋架结构进行补强修复（图3.22），主要维修内容包括：

（1）异物处理：全面清除构件表面铁钉、垃圾等异物。检查现状及腐烂程度，对腐烂部位做好标记为进一步维修做准备。

（2）劈裂缝维修加固：对于木材面小于5mm的劈裂缝用环氧树脂腻子充填压实补平。大于5mm劈裂缝用木条楦缝后，用环氧树脂腻子压实补平。两端加钢夹板，螺栓紧固。对于同一表面有多道裂缝中间要增加钢夹板数道（图3.23）。

（3）雷公柱劈裂加固处理：采用钢夹板、螺栓

（d）瓦件搭接效果

（e）脊瓦搭接

（f）脊瓦安装效果

（a）原屋面脊兽

（b）内层模具制作

（c）内层模具挂网

（d）内膜防腐涂料涂刷

（e）外模具制作

（f）混凝土灌注

（g）拆除外层模具

（h）拆模后效果

（i）脊兽安装后效果

图3.21　屋面脊兽修缮

（a）原木屋架异物清理

（b）扒钉连接加固

（c）裂纹处积尘清理

（d）裂缝处楦缝处理

（e）自攻螺钉加固

（f）木梁钢夹板加固

（g）木梁连接处铁件固定

（h）屋架防虫处理

（i）木屋架修复后效果

图3.22　木屋架修复施工现场照片

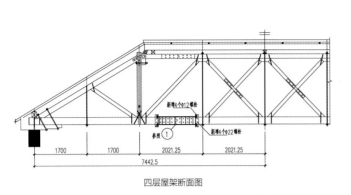

四层屋架断面图 五层屋架断面图

（a）较大裂缝构件加固做法

图3.23 木屋架加固做法

及焗钉加固。雷公柱顶部、根部与太平梁交接处必须设置夹板，其余部分按间距600~800mm设置一道夹板。对于无法用钢夹板处，使用扒钉加固。用于加固处理劈裂缝的钢夹板紧固螺栓杆与构件须接触严实，不得有间隙。钢夹板必须在裂缝两侧，拧紧螺母。更换根部与太平梁连接处U型铁件。

（4）梁接头维修加固：水平梁、斜梁上的接头用钢夹板、螺栓及扒钉加固。在接头处木夹板上增加钢夹板，采用螺栓在原有孔洞内紧固。对无法用钢夹板处使用扒钉加固。钢夹板紧固螺栓杆与构件接触须严实，不得有间隙。钢夹板必须在裂缝两侧，拧紧螺母，如螺杆孔洞劈裂上下面增加钢夹板。

（5）支撑、构件连接铁件维修加固：更换原节点锈蚀铁件，依据原样自制铁角，并采用螺栓在原有孔洞内紧固。对于保存完好的节点，在原连接扒钉附近添补钉扒钉，增加拉结强度。

（6）植入墙内的榀架端头维修加固：拆除端头

两侧，检查腐烂程度，确定木构件剔补加固方案。一般可采用5mm钢板焊制的"铁鞋"包裹剔补后的端头，并与木构件锚固结实。

（7）直椽、瓦条维修加固：拆除瓦条、直椽，并依据屋面瓦尺寸重新铺钉、更换（图3.24）。

（8）吊杆螺栓维修加固：用螺栓松动剂浸泡螺母并用扳手将其拧紧。

（9）木材表面处理：清除所有木材表面，刷防虫剂、防腐剂、防火漆各二道，每道要求刷到刷匀。

（10）其他施工要求：

①用于立支撑、斜支撑的钢夹板厚度不少于3mm，用于水平梁架钢夹板厚度不少于5mm，长宽均不得小于原木夹板；紧固螺栓长度满足施工要求，使用6~8mm圆钢自行打制铺钉，长度须满足使用要求；

②木材应选用优质松木，其含水率须小于8%；

③所用铁件须做除锈处理，并刷防锈漆；

④增加或更换连接点钢夹板时，应先将梁架连

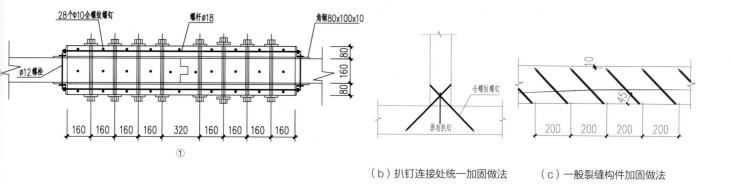

（b）扒钉连接处统一加固做法　　　（c）一般裂缝构件加固做法

接点两端用支杆支顶牢固，两侧拉结牢固后，更换钢夹板并用螺栓拧紧固定，经检查合格后撤除支顶。更换时严禁在木构件上钻孔，确保木纤维不受损害，延长木构件寿命；

　　⑤屋架所有扒钉连接节点均应采用自攻螺钉加固，自攻螺钉均为外径8mm全螺纹螺钉，锚固长度为20倍直径，螺钉与木纹夹角尽可能在30°~45°之间；

　　⑥屋架构件中，产生一般收缩裂缝的构件，裂缝宽度小于3mm时，先采用腻子勾抹严实；裂缝宽度在3~30mm时，采用木条嵌补，并采用改性结构胶黏剂粘牢，并且均应采用自攻螺钉加固；

　　⑦四层端部木屋盖与相邻屋盖连接处且与斜脊平行的构件、五层屋盖处木屋架有螺栓连接处木构件有明显收缩裂缝，承载力不能满足要求，须加固处理；

　　⑧对于腐烂严重且经检查后确认影响使用的木构件，应依据实际情况另行制定维修解决方案。

3. 屋面保温、防水性能提升

　　受20世纪50年代经济条件制约，办公楼原屋面以15mm木板覆盖，采用100mm的白灰与木屑混合物作为保温层，其保温性能欠佳，且并未设置任何防水层。结合本次屋顶工程对其屋面保温、防水同时进行了性能提升，以改善后续办公体验与节能效果。结合本次修缮中加设的屋面刚性体系，新保温层做法采用了一体化的轻质保温屋面板，其具体构造包括上下两层10mm厚钢筋混凝土板，内夹一层160mm厚挤塑聚苯乙烯泡沫板，可在支撑屋面楼板荷载的同时起到良好的保温作用，然后在搭建好的屋面保温层上挂钢丝网，经基层甩毛、砂浆找平处理后，再于其上做无纺布与水泥基渗透结晶防水涂料。与传统防水构造相比，这种做法可使结晶体与混凝土板结合成整体的防水层，有效防止来自任意方向的水流侵蚀，在兼具防水、耐腐的同时对钢筋混凝土结构起到很好的保护作用（图3.25）。

（a）原屋面檩条　　　　　　　　　（b）原屋面檩条拆除　　　　　　　　（c）拆卸檩条表面清理

（d）檩条安装　　　　　　　　　　（e）新檩条表面清理　　　　　　　　（f）局部新檩条更换

（g）防火涂料喷刷　　　　　　　　（h）牢固性检测　　　　　　　　　　（i）修复完成效果

图3.24　檩条修复

（a）轻质保温屋面板铺装

（b）保温屋面板连接固定（与下方屋面刚性体系）

（c）保温屋面板灌缝

（d）挂钢丝网

（e）基层甩毛

（f）砂浆找平

（g）挂无纺布

（h）防水涂料辊刷

（i）完成效果

图3.25　屋面保温及防水施工现场照片

4. 屋面其他构造修复

原办公楼中央五层部分屋面存有一处宝顶样式尖塔。依据原制，宝顶内部以木楔、木板搭建龙骨，外包铜皮作为保护（图3.26）。经勘察，仅宝顶外部出现污染、老旧现象，其余部分保存较为完好。修缮过程对宝顶原外包铜皮进行了打磨除锈，重新涂刷仿古铜金属漆并作防腐蚀保护。同时，修缮工程还采用防水砂浆对宝顶根部与屋面瓦衔接处进行封闭，以消除漏雨隐患。

原宝顶上方竖有避雷针，屋面正脊也有避雷网等附属设施。由于新建总部大厦较为临近办公楼，此部分设施已失去其原有的防雷作用。但考虑原有建筑历史风貌的完整性，在本次修缮中设计团队将其拆卸、经除锈处理后按原貌复位安装（图3.27）。

三、外墙工程

1. 墙体修缮

建筑墙体可分为主体部分水刷石墙面与东立面清水红砖墙两个组成部分。墙体整体保存基本完好，但因年代久远及历史性人为因素，呈现出污染、腐蚀等不同程度残损，须根据具体情况，采取相应措施进行修缮。

（1）水刷石墙面

除东侧背立面部分墙面外，墙面主体均由水刷石罩面。曾经受粉刷工程影响，现水刷石表面刷有

层数不详且成分不明的外墙涂料。局部墙面、窗口因水泥浆流坠，污染问题严重。加之常年风雨侵蚀和后续人为改造，墙身主体、女儿墙、雨篷等多处墙面存有宽度不等的裂纹、空调设备孔洞及螺栓、铁钉等异物。而包括檐口在内的多处墙面涂料，也伴随时间的推移出现部分空鼓现象（据估计约8%），为确保建筑后续使用安全，须依据原形制、工艺对其进行修缮复原（图3.28）。其施工工艺如下：

①拔锚：利用工具手工拔出圆钉、膨胀螺栓等墙内残留部分；

②拆除：拆除残留在墙体中的空调外机支架；

③清除坠落水泥浆：利用扁铲等工具手工剔除受污染面水泥浆；

④堵洞：孔洞用结构胶掺骨料充填至低于墙面5mm；阳角、孔洞用掺结构胶搅拌的水刷石砂浆压严抹实，与墙面齐平；

⑤墙面涂料清洗：采取化学、手工、物理相结合的方法清洗（做法详见"第四章 技艺篇"）；

a. 脱漆剂喷于涂料表面，通过发生化学反应使涂料软化，剥落脱离墙面；

b. 反应完成后，用清水冲洗墙面，清除残余脱漆剂与漆膜；

c. 剩余污垢，由人工清洗冲刷去除。

⑥墙面、线脚空鼓脱落处理：清洗后暴露的空鼓墙面，铲除空鼓墙面抹灰层，重新补抹水刷石；

a. 在拔锚、清洗过程中用胶锤对墙面进行排查；

b. 铲除空鼓墙面，铲除面边缘要大于空鼓边缘5mm以上；

c. 冲洗干净后刷界面剂挂钢板网（或打麻绺），补抹基层底灰与面层水刷石。

⑦裂缝处理：采用注浆和剔补法加固；

a. 裂纹小于3mm采用注浆法加固。沿裂缝由上往下用注射器注射封闭加固药剂；

b. 3mm以上裂纹采用剔补法加固。沿裂缝走向开凿V形槽，两侧边沿距离控制在5～10mm。冲洗干净后刷界面剂，在裂缝中部钉麻绺，用掺结构胶搅拌的水刷石砂浆补抹压严压实。

⑧水刷石抹面：参照原有外墙水刷石抹面工

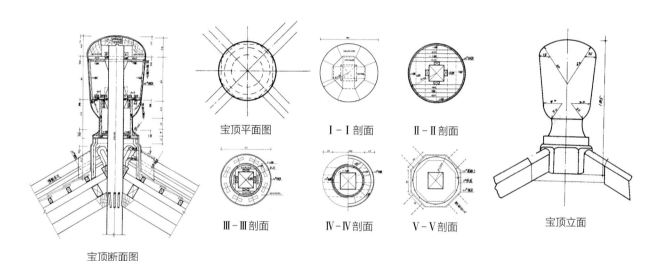

宝顶断面图

宝顶平面图　　Ⅰ-Ⅰ剖面　　Ⅱ-Ⅱ剖面

Ⅲ-Ⅲ剖面　　Ⅳ-Ⅳ剖面　　Ⅴ-Ⅴ剖面

宝顶立面

图3.26　原屋面宝顶构造

（a）宝顶表面除锈　　　　（b）宝顶修复后效果　　　　（c）避雷网修复后效果

图3.27　屋面宝顶及避雷网修复

（a）原水刷石墙面

（b）空鼓检测

（c）空鼓处注胶修补

（d）脱漆剂调配

（e）脱漆剂喷洒

（f）局部脱漆剂滚刷

（g）高压水枪冲洗

（h）清洗效果检查

（i）墙面修复后效果

图3.28 水刷石墙面修复

艺，按原制重做（表3.7）。

值得指出的是，办公楼墙面的空鼓区域比较分散，且大面积空鼓区域相对较少。依原计划，本工程曾提出将水刷石空鼓区域全部拆除重做的设想。但正式开工前，施工团队采用小锤敲击的方式对外墙水刷石空鼓情况进行了全面的排查。经排查，发现大面积空鼓区域（0.25m²以上）相对较少，且大部分空鼓区域呈点状分散分布。出于这种考虑，实际施工优先对大面积空鼓区域进行了拆除重做，而对于空鼓面积较小的区域，其周边水刷石与结构基

层的黏结尚且牢固，无裂缝现象。经权衡，这些空鼓面积较小的区域并无彻底拆除重做的必要，仅做清洗除垢处理即可。

大面积拆除重做的方式，也将严重破坏建筑的历史风貌。本项目的水刷石墙面年代久远，其墙面材质历经近七十年的岁月沉淀、风雨侵蚀呈现出独特的老旧外观效果。为此，设计与施工团队进行了为期一年的"重做复原"尝试，尽管采用与原水刷石墙面相同的材质、配比及工艺，重做墙面也无法做到同原墙面外观效果的完全一致。加之建筑外墙

水刷石施工工艺　　　　　　　　　　　　　　　　　　　　　　　　表3.7

步骤	工序	具体施工做法
先道工序	平整度检查	检查基层的平整度，以保证面层石子浆的厚度均匀，避免软硬不一、出现质量通病。
	分隔线检查	认真检查分隔线，保证平直并与洞口交圈。
施工准备	石子准备	使用与现有水刷石墙面一致粒径为宜，优先回收利用原有墙体石子。
	水泥准备	必须选择同一厂家、同一品种的水泥，不得受潮结块，不得使用有杂质的散装水泥。
	分隔条及靠尺板准备	分隔条的厚度和宽度按石子的粒径和分格大小确定，使用前用水浸透，使用后要清理干净、扎捆放入水中浸泡。靠尺板的厚度要根据面层的厚度来确定。
施工过程	石子浆的调制和使用	石子浆的配合比宜采用——水泥∶石灰膏∶石子（米粒石）=1∶0.3∶1.5～2，呈黏稠状，使用时间不得超过2小时。
	面层操作	①基层要清理干净，除掉污垢，并提前湿润； ②先抹一道水泥素浆，然后进行石子浆整平，要先拍平、后揉压。石子浆的厚度一般大于石子粒径的2倍，使子石在挤揉时能够运动，大面朝外，无孔隙。 ③使用排笔，将浮浆由上而下蘸清水刷掉，经2～3次达到石子外露。 ④灰浆凹陷，明显看出石子密度，用手压无软感，即可用水冲刷。喷头一般距离面层200mm，冲刷时要由上而下、先硬后软，水量不可过大，速度不要过快，冲刷到石子外露、水泥深陷为好。

（a）"补丁"远处效果

（b）"补丁"近处效果

（a）泛碱清理

图3.29　水刷石外墙的"补丁"效果

图3.30　红砖墙面修复

空鼓区域多呈点状分散分布，若完全采取拆除重做的方式，势必造成建筑外立面大面积的"补丁"（图3.29），严重破坏建筑的外观效果与本来的历史风貌。

（2）红砖墙面

建筑东立面局部墙面采用清水红砖，其砌筑方式为典型的英式砌法，采用隔排顺砌、隔排丁砌的方式，且顺砌与丁砌之间不采用错缝处理，是当时常见的设计形式。此部分墙面整体虽保存完好，但因长年雨雪侵蚀，个别墙面出现酥碱、粉化痕迹，局部墙面污染严重。另伴随后续人为加建，现墙体存有残留空调设备孔洞，以及膨胀螺栓、铁钉等异物，局部出现坠落水泥浆。

红砖墙面修缮的难点主要在于酥碱墙面及空调设备孔洞的剔补处理。首先，须将酥碱或设备孔洞所在的整块红砖用小铲子沿灰缝剔除，其深度不应小于6mm，要求四周剔平并为替换砖条留有足够的灰口。而后，按原工艺将相同型号的红砖切割成略薄于剔除深度的砖条，并塞入剔除槽内，摆正直至与四周灰缝平齐，钩抹灰浆缝并压实。除此之外，拔锚、堵洞、墙面涂料清洗等工艺与水刷石墙面处理方法相同，红砖墙面修缮均按文物保护最小干预原则，以原制进行复原（图3.30）。

2. 外墙装饰修复

20世纪50年代，受当时苏联社会主义文化影响，我国掀起了一场有关建筑民族形式复兴的创作浪潮，即通过"社会主义内容、民族形式"中国化的方式进行建筑创作，以强调建筑的阶级性，宣示社会主义建筑同西方"世界主义""结构主义"建筑形式的区分。受此思潮影响，一些建筑创作开始增添中国传统建筑符号用作外观或室内装饰，以突显建筑独特的民族艺术特性。这是我国现代文化史

（b）打磨清理

（c）墙面清洗

（d）修复后墙面效果

中一个独特的现象，是特殊时期民族古典主义建筑形式复兴的时代缩影。

东北院办公楼建设于这一年代，属典型中国民族主义建筑形式。依据原制，其檐下设计有三踩斗栱、人字栱、牛腿等多种传统建筑装饰构件。外窗多布万字纹窗花、窗角等。这些装饰构件充分体现了建筑设计对于古典美学与民族形式的思考，具有较高的历史价值、艺术价值与科学价值。经工程质量勘察，多数构件保存较为完好，只有局部出现污染、轻微破损现象。因此，本次修缮并未做较大处理，仅针对损坏部位进行检查，并按原制作出复原修整。

（1）檐口线脚

沿建筑立面四周檐口之下，布有一圈枭混线脚。因市政粉刷，刷有层数不详的外墙涂料，加之年久失修，局部线脚出现空鼓起翘，抹灰层脱落，导致结构钢筋、铁网外露。修整工作首先对檐口损坏情况进行了检查，将原有松动、开裂部分的檐板拆除（拆除长度应至少超出损坏长度100mm）。并依据原有结构或重新设计的结构，绑扎钢筋、现浇檐口板。此后按照相邻枭混线脚样式，采用同等材质进行线脚混接。最终在完成上述步骤后，采用墙面清洗相同的做法，对枭混线脚进行清污清洗（图3.31）。

（2）窗间墙及额坊雕花

建筑各层窗间墙及额坊表面均饰有莲花图样雕花（图3.32），除刷有层数不详的涂料外，部分雕花因水泥砂浆流坠，导致完全损坏。修缮首先对雕花表面进行清洗（同墙面清洗），并按雕花尺寸不同，挑选其中保存最为完整者制作母本模具（图3.33）。按照雕花残损程度，采取不同工艺进行复原修整。

（a）原外檐壁拆卸

（b）内檐壁修补（内侧）

（c）内檐壁修补（外侧）

（g）外檐壁模具绑扎

（h）外檐壁灌浆浇筑

（i）振浆密实处理

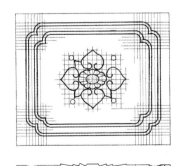
163.5cm宽窗垛花大样

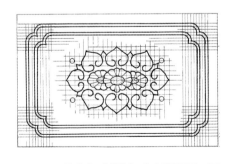
213.5cm宽窗垛大样

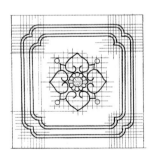
背立面两侧体部138.5cm宽窗垛花

（a）窗垛抹灰大样图

（d）檐沟清洗　　　　　　　（e）檐沟修补　　　　　　　（f）外檐壁模具制作

（j）原檐下白灰铲除　　　　　（k）檐下修复　　　　　　　（l）局部檐口的修复效果

图3.31　部分檐口修复

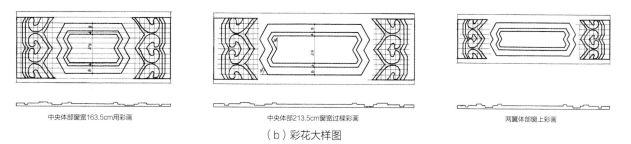

中央体部窗宽163.5cm用彩画　　　　中央体部213.5cm窗宽过樑彩画　　　　两翼体部窗上彩画

（b）彩花大样图

图3.32　原窗间墙及额枋雕花纹样

 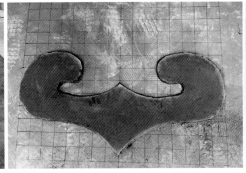 

| （a）母本制作 | （b）母本成型 | （a）斗栱 |

图3.33　雕花母本制作

图3.34　外墙装饰构件修缮后效果

对于残缺程度较小的雕花，可将其损坏边缘剔凿出毛茬并刷界面剂。而后用同类砂浆掺结构胶进行搅拌，并用鸭嘴抹子将其缺失部分抹出花型并压实，待干燥80%时，用雕刻工具修饰成型。

对于缺失程度较大的雕花，可在凿毛处理并粉刷界面剂后，打入麻钉进行加固后，再进行抹花压实。

而对于整个雕花损坏或脱落的情况，则须重新雕塑进行修复。首先需要在待恢复的雕花处打好孔洞，以备后续连接之用。之后将雕花骨架、连接埋件，放入预先制作完成的母本模具当中。用掺结构胶搅拌的同类砂浆填充，并用鸭嘴抹子压实、抹平，待干燥脱模后雕刻修饰成型。最后，在墙面满刷结构胶，并在预留连接孔洞处注入植筋胶。将预制雕花构件镶嵌固定压实后，用封闭胶密封其交接缝，使茬口与墙面得以完美结合。

（3）斗栱、牛腿、窗花等

墙面斗栱、牛腿、窗花等装饰构件，造型简

约，可谓20世纪50年代民族形式建筑立面的点睛之笔。与线脚、雕花等相比，这些构件仅出现局部轻微的破损。出于文物保护原真性原则的考虑，本次修缮工作主要对斗栱、牛腿、窗花等进行了清洗及残缺部位修复（图3.34）。其工艺方法同墙面清洗及窗间墙雕花修复，于此不再赘述。

四、室内装修工程

1．室内地面改造升级

依据原制，办公楼的室内地面装饰包括水磨石、菱苦土、水泥砂浆共计三种材质，充分体现出新中国成立初期"实用、经济、在可能的条件下注意美观"的建筑设计理念。其门厅、走廊、楼梯厅等公共区域主要采用水磨石地面；而各类办公室则主要采用菱苦土地面；此外，还有一些库房、模型室等人员非驻留空间的地面采用了水泥砂浆形式。

| （b）窗花 | （c）牛腿 | （d）额枋及窗间雕花 |

另外，大部分办公室楼面已在后续使用过程中装修为花岗岩、地砖等其他材料，且已出现明显的开裂、污染。以当今时代的审美标准来看，一些后续地面装修选材亦呈现出明显的过时趋势。

考虑经此次修缮后，办公楼还将维持其原有功能继续投入使用，因此有必要对其室内装饰进行适度的改造以改善后续办公环境。借此契机，设计组还重点对原水磨石、菱苦土地面装修材料进行了充分的分析比选，以探讨适宜的改造升级方案。

（1）水磨石地面

办公楼公共区域主要采用传统无机水磨石制作而成（图3.35）。其做法是将天然碎石、玻璃等骨料与颜料共同拌入水泥之中，待凝结后打磨抛光而成，通常呈现出纯粹、素雅的装修效果，给人以独特的视觉感受。但事实上，其工艺的本质仍是一种水泥制品，同样具有自重较大、易开裂、不耐腐蚀等水泥材料固有缺陷。因而通常在实际应用过程

中，须按一定间隔对其地坪进行分缝处理，以防止水磨石地面的大面积开裂。但即便如此，一些细小的裂缝仍旧难以避免，进而造成其裂缝内部积尘现象的发生，并伴随时间的推移愈发影响美观。经过多方论证与选样，最终决议采用新型环氧磨石对原公共区域地面材质进行替换，其骨料配色及尺寸选择均以老磨石样式为基准制作。以此方式，最大限度还原室内装饰风貌，并兼顾空间品质的提升。环氧磨石以无溶剂环氧树脂取代传统水泥材料作为黏合剂，因而具有致密度高、均匀度好、轻质耐磨、

图3.35 办公楼原无机水磨石样块

容易清理等众多优势，通常被视作传统无机水磨石绝佳的替代品，目前已在机场、学校、医院等众多公建领域得到了较为成熟的应用。其施工工序如下（图3.36）：

①基层处理：先将楼层基面打磨平整，清除浮浆层并对结构缝、伸缩缝等重点处理，确保无空鼓、开裂、起砂现象发生，之后涂刷环氧树脂进行基层密封。待其干燥后，再用环氧树脂铺贴抗裂纤维网并涂刷抗裂剂，以提升磨石底层抗裂性。

②摊铺层处理：按设计图纸要求，进行图案放样、弹线，经核对无误后进行造型分隔条粘贴。而后，依据分隔条进行骨料摊铺，其摊铺顺序注意应按先深色再浅色的顺序依次进行，以保障最终面层效果。

③研磨处理：研磨过程共分粗磨、中磨、细磨和精磨4道工序。其中，粗磨为干磨，另外3道工序均为水磨施工。每一步研磨之后都要进行封孔补浆，以保证面层密实饱满。

④抛光处理：待研磨完成后进行基层清理，涂刷专用晶面液2~3遍，而后进行U-399表面防污高速抛光处理，确保观感柔顺平整并进行养护。

（2）办公区地面

原楼内办公室多为菱苦土地面。其主要工艺流程是将菱苦土、锯末、滑石粉和矿物颜料干拌均匀后，加入氯化镁溶液调制成胶泥，进行铺抹压光，待硬化稳定后，磨光打蜡而成。由于年代久远，此项地面做法的施工工艺已近乎荒废过时。为满足现代办公要求，经过再三考虑，最终决议针对不同空间区域，分别采用塑胶地板与拼花地板材质进行替代。

二、三层职能部门办公室均采用商用塑胶地板进行替代，此部分区域的人流通行相对较频繁。为与走廊环氧磨石地面形成协调统一，其塑胶地板样式同样依据水磨石表面纹理进行定制，这样既忠于原有风貌，又带来更为舒适的办公感受（图3.37）。

而为提升办公区域的品质形象，四层领导办公室、会议室、会客厅等均采用了拼花地板材质。与传统直条木地板不同，拼花地板采用小块异形的不同木材进行拼接而成，从而在总体效果上平衡各类木材的纹理差异，因而更显灵动。此外，其独特的拼接方式也大幅减少了木材出现形变的可能，有效提升了地板的稳定程度，进而降低了养护成本和提高了使用年限（图3.38）。

（3）楼梯地面

原楼梯地面为无机水磨石材质，整体现场制作，并由工人精细打磨加工成型。这种做法虽能突显楼梯的整体感和踏步的厚重感，但由于其工匠技艺传承的缺失，已再难复原。所以在改造设计中根据当下施工工艺，楼梯地面采用有机磨石踏步板，由工厂预制。其断面形式采用"L"形方式将楼梯踏步边缘宽度增至60mm，以延续原楼梯设计的厚重感（图3.39和图3.40）。为便于运输安装，踢步与踏步板分别预制。踏步防滑措施由原凹槽防滑工艺改为使用实心防滑铜条，以提高耐久性和安全性。

（a）造型分隔条安装

（b）摊铺层施工

（c）粗磨

（d）中磨

（e）细磨

（f）抛光

图3.36　办公楼环氧磨石施工工序

图3.37　二、三层塑胶地板完成后效果

（a）会议室完成后效果

（b）办公室完成后效果

图3.38　四层木质拼花地板

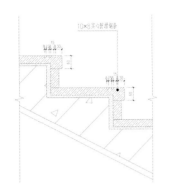
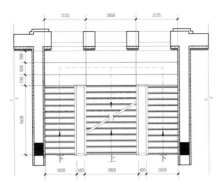

图3.39 改造后楼梯踏步构造做法　　图3.40 楼梯板材分隔　　图3.41 楼梯踏步改造后效果

此外，楼梯休息平台处仍采用同样材料，以相应楼梯段尺度进行划分，共计9块横向预制长楼板进行拼接（最大尺寸2600mm×600mm），相比常规短板拼接方式，其平整度与整体性得到了大幅的改善。两侧栏杆及扶手完全保留原现制水磨石及实木做法。楼梯的修缮以原设计为依据，做出了风格的延续并结合现代工艺适度创新，实现了风貌存续与品质提升的两全（图3.41）。

2. 墙面及吊顶修复

（1）石材墙面

原建筑一层走廊及大厅均为大白粉刷墙面，而后曾于20世纪90年代，改为米黄色大理石墙面。为便于日常维护，设计团队沿用了90年代米黄色大理石墙面的做法，其材料固有的天然纹理具有很好的装饰效果。饰面的施工采用干挂形式，以避免湿贴因自重过大而造成的空鼓脱落。此外，厅内柱头线脚、柱础踢脚线、阳角花线等均采用相同石材并依原样式定制而成。其板材拼接采用自然密缝形式，因而石材效果更加浑然天成，使门厅的整体视觉感受更显厚实、庄重（图3.42）。另除一层大厅外，电梯门套口的装饰及电梯按键也都采用了相同材质的米黄石材，这种处理方式也使得室内装饰的整体风格更显协调、连续并趋于统一。

（2）木墙裙

局部五层、会议室、会客室等公共活动区域均增设了木墙裙，以避免后续使用过程中因人为剐蹭所导致的墙面污染（图3.43）。墙裙采用实木多层板工艺进行加工，其内部采用防火等级B1的阻燃多层木板打底，而后将造型木板置于其外拼接而成。板材表面及重要部位均采用高品质南非黑胡桃木材制作，并作木装饰处理。

（3）吊顶及灯具选型

综合考虑建筑外观、建筑节能和室内舒适度等要求，此次修缮拆除了90年代安装的全部的分体式空调，改为中央空调。为避免空调等设备管线影响装饰效果，本次修缮工程在走廊、办公房间与门厅的局部增设了吊顶，用以遮挡设备管线，提升空间感受。原各层楼梯厅天棚处设计有石膏雕花及线脚等装饰。本修缮工程依据原样式进行了修复或复原，使办公楼的室内设计在保留原有风貌的同时，更能满足新时代办公空间的使用要求。

东北院办公楼肩负风貌建筑与修缮后再利用的双重职责，因此在灯具种类的选择上也须做到兼顾尊重历史元素与保证实用性。历经长年使用，原设计灯具已经全部更换多次，同款已无处可寻。为此，本次修缮工程还依据初始设计图纸对其灯具存留情况、原始样式进行了分层统计。依据种类、垂吊程度、使用部位的不同，共计划分出吊灯、复古灯、吸顶灯、线条灯、壁灯5个大类，按各个空间不同尺度寻找相匹配的灯具。这些灯具与吊顶石膏雕花形成了良好的搭配互补效果，进而在尊重历史风貌的同时，呈现出宜人的装饰风格（图3.44）。

3. 门窗仿制与更换

依据原设计，办公楼内均采用木质门窗，其气密性效果欠佳。另伴随时间的推移，多数门窗早已出现不同程度的破损现象，也日渐难以满足时代大众的审美需要。因此，在其实际使用过程中，绝大多数的门窗都已陆续更换为铝合金窗、木门。本次修缮工程同样对门窗复原样式进行了再三考虑，最终决议外门采用铜质和内门采用黑胡桃木材质，并对原建筑平开门、旋转门部位按原雕花样式进行仿制，同时采用单框三玻断桥铝包木窗对原铝制外窗进行更换，以此方式实现建筑历史风貌保存与节能效果提升的兼顾（图3.45）。

4. 室内装饰图样修缮

受当时建筑思潮影响，办公楼在室内设计方面也增添了很多传统装饰元素以突出独特的建筑艺术特性。这些装饰图案既具有美化空间界面、体现传统文化的功能，同时还起到了协调空间比例尺度、舒缓空间视觉不良感受的作用。先辈设计师将装饰纹样应用于建筑装饰中，不仅传承与发展了传统美学，彰显了民族文化内涵，还将传统的艺术审美价值观根植于建筑装饰中，提升了建筑空间的文化内涵和美学价值。

本次修缮工程首先依据现存图纸（图3.46~图3.49），对图样现状进行了仔细地考察，甄别其中修复的痕迹，尽可能复原最初装饰纹样。经查证，东北院办公楼的室内装饰图样，主要集中在大门、室内顶棚、柱身和墙面阴角花线等位置。依据图案类型又可主要分为"宝相花纹"和"卷草纹"两个大类。

其中，宝相花纹，又称宝仙花、宝莲花，是传统纹样吉祥三宝之一，盛行于隋唐时期。相传宝相花是一种寓有"宝""仙"之意的装饰图案。其纹饰构成一般以某种花卉为主体如牡丹、莲花等，中间镶嵌有形状不同且大小粗细有别的其他花叶。尤其在花蕊和花瓣基部，用圆珠作规则排列。因其形象趋近于闪闪发光的宝珠，加以多层次退晕色，显得富丽珍贵，故名"宝相花"。常用作金银器、建筑装饰、织物、刺绣等的雕刻或图案纹样。而卷草纹则同样为中国传统图案之一，多取忍冬、荷花、兰花、牡丹等花草为母题，经处理后作"S"形波状曲线排列，构成二方连续图案。因其花草造型多曲卷圆润，故称卷草纹，又因盛行于唐代，亦称唐草纹。

本次室内装饰图样修缮，本着尊重历史、有迹可循、适度创新的原则进行（图3.50）。对于原有装饰图样，主要采用翻新复原的方式。如一至四层门厅、局部五层顶棚等处，本就存有浅浮雕的卷叶草石膏图样。修缮工程依据原设计图纸，对其进行了还原，仅根据现有空间比例，对局部装饰图案进行了缩放处理。同时，为协调顶棚藻井的石膏花图样的整体效果，在顶棚阴角石膏线的处理上，也同样采用了刻有宝相花花饰的装饰带，使得顶棚造型更加完整有序。原建筑大门也是装饰的重点，原制面上本刻有莲花变形图案和卷叶草花饰。复原的大门采用了古铜色不锈钢材质，其图样仍旧沿用原制。

出于空间效果提升的考虑，改造设计也进行了一定程度的增补创新，以提升室内装修的整体品质。例如，在一层门厅和入口旋转门的地面处，分别增加了一处装饰图案。其图案形象取自建筑外墙墙垛的宝相花图样。这种"引用"的方式，保持了建筑室内外空间图案元素的统一性与视觉感观的连续性，带来更加细腻的建筑空间感受。

另外，办公楼外墙所采用的宝相花图案属于典型的传统吉祥图案，是圣洁、端庄、美观的理想花形。建筑的室内装饰设计也将这个符号运用到了很多地方。如走廊地面新增的拼色围边、一层楼梯壁龛等都采用了这种造型。而在大楼的导视系统及标识设计中，也同样运用了这个符号，以示对先辈设计师们的致敬。

室内家具和陈设也进行了精心设计，独具特色。家具的整体设计采

（a）五层报告厅吊灯

（e）局部五层楼梯处壁灯

图3.42　一层门厅石材墙面效果

图3.43　室内木墙裙效果

（b）室内筒灯及复古吸顶灯

（c）沉浸式会议室吸顶灯

（d）四层楼梯厅吊灯

（f）走廊吸顶灯

（g）背立面雨篷处吸顶灯

（h）正门入口处复古壁灯及吸顶灯

图3.44　修缮后灯具照明效果

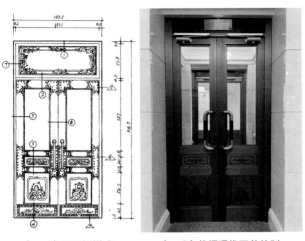

（a-1）原正门样式　　　　（a-2）依据现代工艺仿制

（b-1）原一层门厅两侧廊
门样式（当时施工中修改了
门楣）

（b-2）按原洞口增加门楣设计

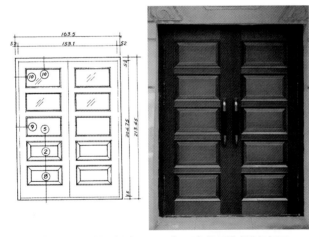

（c-1）原背立面外门样式　　　（c-2）按原样式进行复原

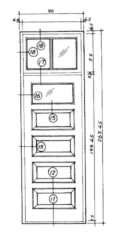

（d-1）原办公室门样式

（d-2）按原样式进行复原*

图3.45　部分门修缮样式与原设计样式对比
　　*注：以当时设计标准，原办公室门尺寸仅为1996mm。本次修缮依据现代办公使用需要增加至2050mm，因此上亮高度相应减少。

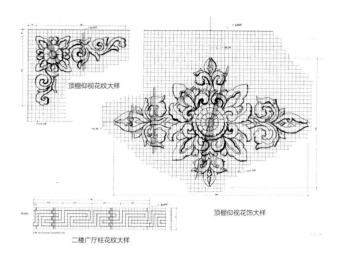

顶棚仰视花纹大样

二楼广厅柱花纹大样

顶棚仰视花饰大样

图3.46 原二楼楼梯厅顶棚及柱灰线大样

顶棚仰视花饰大样

顶棚仰视花饰大样

顶棚灰线花饰大样

图3.47 原二楼楼梯厅顶棚花饰大样

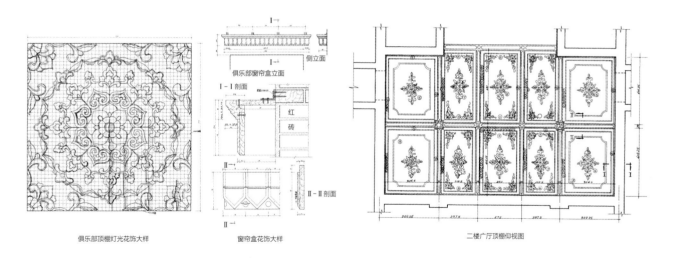

俱乐部顶棚灯光花饰大样

俱乐部窗帘盒立面

侧立面

I-I剖面

红砖

II-II剖面

窗帘盒花饰大样

二楼广厅顶棚仰视图

图3.48 原局部五层顶棚纹样及窗帘盒大样

图3.49 原二层楼梯厅顶棚仰视图

用现代风格，以体现时代感，但在色彩上则以深咖、藏蓝等深色系为主，以呼应历史建筑的沉稳气质。建筑原四层的楼梯厅，经修缮后被改造为接待空间。入口处的接待台被设计为弧形，尺寸约为2380mm×680mm，采用10mm厚316不锈钢板材冷弯成型，重约250kg，整体镀古铜色，与主楼梯扶手保持一致，体现其古朴典雅的高贵气质。同时，为了保证接待台的整体稳定性，我们在其下方设置了一条10mm厚、60mm宽的不锈钢带和双层1.5mm厚弧形挡板连接两侧板，起到拉接作用。弧形板作穿孔镂空处理，营造出通透、现代的视觉感受（图3.51）。由于沈阳地处东北，冬季寒冷且漫长，缺乏绿意，略显沉闷。因此，在进行室内设计时有意将绿色景观植入其中。除了分布在四处的大型盆栽植物，还在入口接待台的后方集中设计了一处花坛，植物高低错落，色彩缤纷，为庄重的空间带来盎然的生气。由此，时尚而不失沉稳的家具、古朴却颇具现代

（a）一层门厅处磨石地面装饰纹样

（b）走廊地面新增拼色围边

（f）局部五层吊顶线脚纹样

（g）楼梯栏杆下侧雕花连接件

（k）房间门牌云纹式样

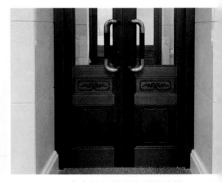

（l）外门卷草纹雕花纹样

（c）一层楼梯处壁龛

（d）乘客电梯内磨石地面装饰纹样

（e）楼梯厅吊顶雕花纹样

（h）局部五层入口处窗花及栏杆雕花连接件

（i）导航指示牌云纹式样

（j）电梯按键面板云纹式样

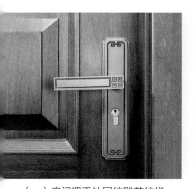
（m）房门把手处回纹雕花纹样

（n）新增木墙裙处回形纹样

（o）走廊处云纹样式门垛

图3.50　办公楼室内装饰纹样

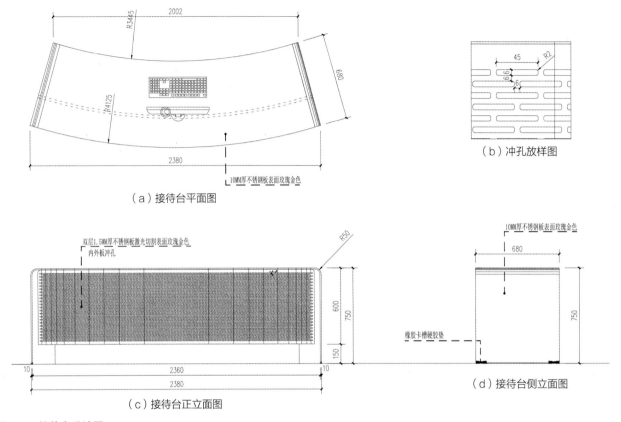

（a）接待台平面图

（b）冲孔放样图

（c）接待台正立面图

（d）接待台侧立面图

图3.51　接待台设计图

感的接待台与鲜活的绿树红花共同形成一处饶有趣味的室内景观节点，为厚重的历史空间，平添几分时代的气息（图3.52）。

五、暖通升级改造工程

　　东北院办公楼原使用散热器供暖系统采暖，但是目前供暖系统管线和散热器早已超过设计使用年限，导致近些年来漏水事故频发。这些年，东北院曾对院内供暖水平主管、立管、散热器等做出多次更换，但依旧存在散热器不热、PPR管材变形等诸多问题。此外，由于时代背景，原东北院办公楼未设计制冷空调系统，因此在后续使用过程中各部门陆续自行加装了分体式空调。这不仅导致机箱大量暴露，严重影响建筑立面美观，而且常因空调负荷过大而引发跳闸甚至火灾等事故。因此，暖通工程

（a）四层接待台

（b）四层休闲区域

图3.52　四层楼梯厅

（a）会议室侧送上回组织气流

（b）局部五层上送上回组织气流

图3.53　楼内不同气流组织形式

改造升级已迫在眉睫。

2019年9月底，经过几轮方案讨论，综合考虑办公楼层高、外窗开启方式、消防设计要求等情况，设计团队最终确定暖通设计方案：夏季采用风机盘管系统制冷；冬季工作时间采用风机盘管系统供热，而非工作时间则采用散热器供热，以满足值班需要。卫生间设置机械通风，其他房间采用自然通风，并按《建筑防烟排烟系统技术标准》GB 51251—2017要求设计自然排烟。

其中在制冷方面，空调系统冷源由新总部大厦地下制冷机房提供，而空调热源则由城市集中供热管网（以下简称"市政热网"）经新总部大厦地下换热站提供。空调末端采用风机盘管系统，每台风机盘管均配置室温控制器及电动二通阀，并设三档风速开关，可根据不同需求独立控制室温及风速。气流组织形式根据装修方案可分别采用侧送上回或上送上回（图3.53）。空调水系统采用两管制，季节切换阀门设在新总部大厦制冷机房内。办公楼的空调供水总管连接新总部大厦制冷机房低区分集水器

（图3.54），冷热计量表设在新总部大厦地下室。空调水系统立管为异程式，各层水平主管为同程布置。

在供暖方面，原办公楼冬季使用散热器采暖，其系统形式为上供下回垂直单管顺流式，并由院内自有锅炉房供热。但伴随沈阳市人民政府对社会锅炉房进行"煤改气""拆小并大"等环境整治工作的推进，办公楼于2015年拆除了自有锅炉房，其供暖管线也随之并入了市政热网。此后，楼内的供暖

图3.54　新总部大厦内制冷机房低区分集水器

效果便一直不尽如人意。其原因除管线老化、管道淤堵外，另一个重要的是市政热网供水温度低且温差小。沈阳市市政供热二次网运行水温一般在35～40℃，运行供回水温差在5～10℃之间。但事实上，此温度及温差更适用于风机盘管系统供暖。另外考虑到倘若楼内在非工作时间仍以风机盘管系统进行供暖，这不但增加运行维护成本，还会产生用电消防隐患。因此，办公楼的供暖形式最终确定为工作时段采用风机盘管系统供暖以保证室内温度及舒适度，而非工作时段则采用散热器供暖以维持房间温度。

此外，出于历史风貌复原的考虑，散热器系统的设计则以原系统形式为参考，采用上供下回垂直单管跨越式。这种做法依据原楼板孔洞安置立管，以减少对结构楼板的破坏，供暖管道也依据原地沟位置进行安装，仅在热力入口处的管沟处理上进行了局部的拓宽（图3.55）。而为保证一层门厅的整体装修效果，在设计方案中将其散热器全部取消，并改为低温热水地板辐射供暖系统，分集水器暗装。总而言之，本次修缮工程的暖通升级改造，既体现了原北方建筑采暖系统特征，又在保障节能的基础上改善了室内舒适度，做到历史风貌延续与环境品质提升的平衡与兼顾。

六、室外环境及景观工程

历经时间洗礼，办公楼建筑周边室外环境已尽显陈旧，无法体现建筑应有的历史厚重感。故结合本次修缮之机，同时对其室外景观环境进行整改，以此改善其外观风貌，重塑建筑主立面的礼序结构。

室外景观环境的整改，应避免追求过分的夸大创新，须同样遵循最小干预的文物修缮原则，有效利用既有景观要素，做到合理修复。原建筑正立面临近主入口处，对称种植有两株紫丁香树。本次修缮工程保留了其中北侧长势较好的一株，并对其进行了修剪和枝条梳理，使其树形更加优美。而另一侧植株已枯萎死亡，故而将其移除，并选用同规格

（a）本次改造地沟现状

图3.55　供暖地沟改造

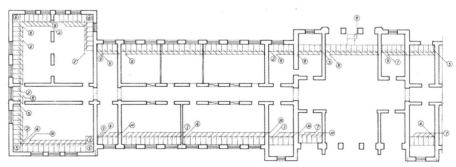

（b）原设计图纸地沟盖板图

体量的紫丁香树种进行补种更换。另外，原入口两侧花坛栽有数株乔木，出于历史风貌保护的考虑，本次修缮工程仅对其做出适当的修剪。而其下方低矮灌木树种，由于常年缺乏养护修剪早已杂乱无章。故借本次修缮之机，将下方长势欠佳的灌木进行移除，修复其裸露土壤的绿化带，种植更为耐寒的朝鲜黄杨、冬青卫矛等地被植物，以此营造四季常青且层次分明的绿化空间效果（图3.56和图3.57）。

图3.56　修缮前主立面景观环境

图3.57　修缮后主立面景观环境

第三节　修缮大事记

2015年6月3日：中国建筑东北设计研究院有限公司老办公楼被评为沈阳市第二批历史建筑（二类）。

2017年10月7日：为配合老办公楼院区改造工作，东北院全体员工搬至沈阳市中海国际中心集中办公，为办公楼修缮改造做好准备，提高修缮工作效率。

历史建筑项目立项及可行性研究阶段

2018年2月6日：中国建筑东北设计研究院有限公司根据历史建筑改造利用要求，对本项目正式立项。结合办公楼项目概况，东北院正式开启项目基本情况调查及改造再利用可行性研究。

2018年3月1日：成立设计团队，开展相关资料查询工作，并邀请沈阳建筑大学针对建筑风貌现状进行现场调研。

2018年4月17日：初步制定立面修缮方案，包括水刷石立面检测修补、屋面瓦修缮、内保温增设等多项内容。

2018年12月12日：讨论比选立面清洗方案，如机械清除、动力冲洗、化学清洗、热风枪除漆、激光除漆等。

2019年5月4日：邀请同济大学古建筑修复部门对水刷石立面保护方案进行研讨。

2019年8月15日：邀请辽宁省建设科学研究院

有限责任公司（辽宁省工程质量检测中心）进入场地开展工程质量、抗震性能检测等系列工作。

2019年9月9日：设计团队针对建筑结构加固方案可行性进行研讨，形成2种基本方案，分别是原有结构体系加固方案，主楼南北两翼为提高内部空间使用灵活性改砖混结构为框架结构体系。

2019年12月3日：综合定案办公楼修缮方案，包括外立面清洗及修补方案、建筑节能改造方案、建筑使用功能调整方案、主体结构加固方案、室内装修方案等，并制定实施工期。

历史建筑改造设计阶段

2020年1月6日：依据前期项目策划和可行性研究报告，正式开始工程方案设计、初步设计和施工图设计。

2020年3月4日：项目改造土建工程图纸提交并送审，同时开始内装施工图设计。

2020年5月6日：完成第一版室内装修施工图纸。

2020年7月8日：对老办公楼原貌进行为期8天的影像记录，并做资料存档。

2020年7月10日：施工总包进场并开始项目围挡和CI施工，历时19天。

2020年7月31日：总承包公司组织各分包单位对项目进行为期18天的实地考察。

2020年8月24日：对建筑图纸及装修施工图纸进行最终汇总。

文物建筑修缮设计阶段

2020年9月3日：沈阳市人民政府发布《沈阳市人民政府关于核定并公布第五批市级文物保护单位的通知》（沈政发〔2020〕19号），东北院办公楼被评选为市级文物保护单位。

2020年9月8日：委托沈阳建筑大学进入现场，按文物建筑保护要求开展建筑现状勘测相关工作。并与之合作，按文物工程报建要求对前一阶段设计文件进行合规性检查与修改。

2020年9月21日：结合施工现场状况，对设计内容、结构信息进行现场复核，依据复核结果修改内装修等图纸。

2021年1月22日：初步完成文物工程报建文本，向沈阳市文旅局等有关审批部门咨询并讨论报建内容。

2021年2月23日：结合咨询意见，完成文物工程报建文本报审。根据报建审批意见，修改并完成建筑设计图纸和装修施工图纸。

文物建筑修缮施工阶段

2021年2月24日：项目正式开工。

2021年4月24日：地沟管道施工全部完成并验收通过。同时开始外立面装修外架搭设，为期1个月。

2021年5月31日：墙面加固全部完成。

2021年6月13日：木屋架改造和外墙修复开始施工。

2021年6月20日：屋面刚性结构体系进行安装，历时26天。

2021年6月30日：楼面加固全部完成。

2021年7月5日：外墙保温工程开始施工，历时77天。

2021年7月9日：轻质屋面板工程开始施工，历时31天。

2021年7月29日：屋面挑檐修复开始施工。

2021年8月26日：内装修工程开始施工。

2021年10月2日：屋面防水工程开始施工，历时18天。

2021年10月15日：室内水磨石地面开始施工。

2021年10月23日：外窗安装工程开始施工，历时12天。

2022年3月1日：东侧立面一层雨篷施工及水刷石开始修复，历时14天。正立面二层雨篷施工及水刷石开始修复，历时20天。

2022年3月31日：屋面瓦更换。

2022年4月5日：一层门厅石材墙面、地面开始施工。

2022年4月10日：大厅顶棚浮雕及五楼顶棚开始施工。

2022年4月18日：内装木门开始安装，历时18天。

2022年6月3日：办公室内地胶开始施工。

2022年7月4日：房间内墙裙及暖气罩水磨石窗台板开始施工，历时58天。

2022年8月20日：卫生间墙地面及隔断开始施工，历时32天。

2022年8月22日：楼梯扶手开始修复，历时约2个月。

2022年9月6日：木地板开始施工。

2022年10月20日：消防验收通过。

2022年10月30日：质监站验收通过。

2022年11月6日：院史馆内装施工完成。

2022年11月7日：围挡及CI（企业形象识别，Corporate Identity）拆除完成。

2022年11月11日：老楼办公家具安装验收完成。

2022年11月20日：室外工程完成。

2022年11月21日：项目竣工预验收完成。

2022年11月24日：老办公楼各部门搬家完成。

2022年11月29日：由沈阳市城乡建设局与沈阳市文旅局组织联合验收及文物保护验收。

第四章 技艺篇

　　科技的发展进步引发建筑遗产保护方式与工作思路的革命性转变。近年来，伴随我国在文化遗产保护与利用方面认知的提高，各种新型科技手段也随之得到了广泛的应用，在勘测、设计、修缮施工等各个环节都发挥了积极的作用。本章重点对办公楼修缮过程中信息采集预测分析、结构加固、工程质量检测及外墙清洗4项相关技术工艺进行介绍，对其工作原理、应用流程、发展前景等作出详尽的分析，以期为相关保护工程提供技术借鉴，助力技术手段甄选与保护思路制定的广泛探讨。

第一节　BIM及GIS数字化技术

一、总体技术路线确定

为保证设计任务的高标准完成，以及在设计施工全过程进行成本控制，办公楼修缮工程的全过程设计工作均以BIM（Building Information Modeling，建筑信息模型）及GIS（Geographic Information System，地理信息系统）技术为依托完成。工作开展之前，

设计组便联合工程承建单位，依据东北院《建筑信息模型设计标准》共同制定了《BIM导则》《BIM实施方案》及《BIM技术标准》三个关键性技术文件，就BIM管理标准、协同设计操作流程、模型交付要求进行了明确的说明与规定，形成合理的技术路线，以确保设计工作的有序开展（表4.1）。

东北院办公楼修缮工程BIM正向设计技术路线相关文件 表4.1

技术文件名称	说明及规定内容
《BIM导则》	BIM应用需求、BIM管理标准、设计流程节点、模型交付要求等
《BIM实施方案》	项目样板的应用要点、BIM应用具体操作流程、软件版本要求、设计协同操作流程、模型出图范围等
《BIM技术标准》	项目各设计阶段及最终模型交付的模型拆分原则、命名规则、着色规则、模型精细度要求等

二、GIS相关技术应用

办公楼建设年代相对久远，加之文档工作的保护不当，原始设计图纸缺失严重。为此，设计组采用了三维激光点云扫描和无人机三维倾斜摄影等GIS技术，对办公楼的形体及周边环境进行了全面的扫描，获取其具体修缮设计参数，以确保历史风貌复原的真实性与科学性。

1. 三维激光点云扫描技术

近年来，测绘新技术蓬勃发展，三维激光扫描

技术已然成为获取三维空间信息的重要技术手段。它具有无接触、扫描速度快、信息丰富准确、不受白天黑夜限制等特点，对于未来推进建筑遗产记录"信息化转型"而言，具有重要意义。

利用三维激光扫描仪对原建筑、场地等进行扫描，可获得大量三维空间点数据，形成"密集点云"组成的点云模型（图4.1）。"密集点云"中的每个点都同时具有空间三维坐标和颜色数据。所获点云模型可经Autodesk Recap软件进行合成，保存为Revit可识别的.rcp格式文件。而后，高精度"密集点云"便可通过链接方式载入Revit软件中

（图4.2）。由此，设计组便可依据点云模型创建BIM模型，还原建筑空间和斗栱、脊兽等复杂节点，为进一步修缮设计提供必要条件（图4.3）。

2. 无人机三维倾斜摄影技术

项目测绘过程采用无人机三维倾斜摄影航拍技术，以获取更为精准的建筑形态与周边环境测量数据，生成倾斜摄影三维模型。相较于以往卫星遥感测绘，此技术具有测量信息精度可控、灵活高效、性价比高等诸多优

图4.1　三维激光扫描仪

图4.2　办公楼彩色点云模型

图4.3 依据点云模型（左）创建BIM模型（右）

势，已日益成为目前工程测绘行业中的主流技术（图4.4）。

就目前技术水平而言，倾斜摄影三维模型的质量主要取决于两个因素：一是影像质量，即影像地面分辨率和影像清晰度；二是照片数量，即对同一区域的照片覆盖度。从实际建模效果来看，若想获得完整、清晰且可供高精度测量的三维模型，建筑区域倾斜影像的分辨率须达到2～3cm（一般地区要在5cm以内），其照片的平均覆盖度须达到30°重叠。

为保障测量质量，本项目倾斜摄影三维建模技术以一组从不同的角度对静态建模主体拍摄的高重叠度数码照片作为输入数据源，加入各种可选的额外辅助数据，如传感器属性（焦距、传感器尺寸、主点、镜头畸变）、照片的位置参数（如GPS）、照片姿态参数（如INS）、控制点等。通过采用Bentley Context Capture全自动实景建模系统（原Smart3D实景建模系统），设计组无须依赖昂贵且低效率的激光点云扫描系统或POS定位系统，仅仅依靠简单连

续的二维影像，就能还原出最真实的、可量测型的实景三维模型。之后，利用Terra Explorer软件将BIM方案模型和生成的实景三维模型进行整合，即可实现设计过程中BIM模型与实景的交互（图4.5）。

三、BIM相关技术应用

BIM正向设计是设计师基于BIM模型在设计阶段进行模拟建造，以便对设计内容合理性、合规性、可实施性、经济性及美观性等做出清晰的预判，进而能够为施工过程提供更为科学的设计指导。其具体优势主要体现为以下四个方面：

（1）三维成果的直观展示

BIM技术的应用，可根据设计阶段的不同对设计成果分别进行实时三维展示。由此，从设计到施工阶段，全专业均可对建筑空间的复杂性和多变性进行直观解读，有效减少沟通障碍，实现更为高效的提资配合。

图4.4　固定翼无人机设备

图4.5　BIM模型与无人机倾斜摄影三维实景模型交互

（2）设计流程的高效协同

BIM技术的工作流程有别于传统设计思维。其施工图纸能够依据模型直接导出且极具联动性优势。这使得不同专业能够按各自需要进行模型同步，从而做到真正意义的"设计协同一体化"，减少不同专业之间的对图时间。此外，借助互联网技术搭建协同平台，异地设计人员也能够随时进行远程同步工作，从而有效提高设计效率。

（3）工程周期的大幅缩短

凭借以上优势，设计过程中的"错、漏、碰、缺"等问题亦将随之大幅减少。这使得项目深化设计的前置成为可能。诸如机电专业的多轮管综协调、分阶段分区域落实净高及路由可行性检测等工作都将变得简单易行，从而避免不必要的设计变更，其后期深化周期也将随之明显缩短。

（4）工程造价的快速统计

不同于传统图纸表达，在BIM技术的加持下，每个建筑构件承载的相应信息量，都将用于表达构件的几何形式、尺寸、功能、材料等附属信息。这不仅使得建筑构件的拆分更加精细，大大提升拆分效率，还可利用BIM算量软件对其工程量进行即时把控，以便工程造价信息的快速提取。

东北院办公楼属市级文物保护单位，其保护修缮工作本身便承载了社会层面的高度重视。为此，本次项目积极采用BIM正向设计，以确保修缮工程的高质量完成。而改造完成后，建筑还将作为办公功能继续投入使用，其工程质量问题及环境影响也同样不容忽视。为此，除完成常规的BIM协同设计工作外，本次修缮工程还提前进行了如建筑布局、天际线变化、周边环境影响等多项辅助模拟分析，以期为设计师提供更好的优化决策支持。

1. 三维地勘

传统的勘察报告以二维图件的形式来表现工程

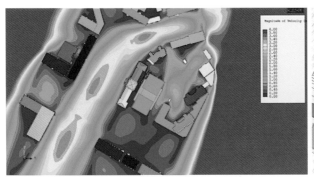

（a）1.5m处风速云图

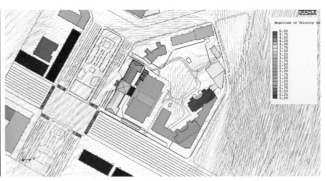

（b）1.5m处风速矢量图

图4.6　冬季办公楼周边风环境模拟分析

勘察结果中的地层信息空间分布，不能直观地表达场地地层的整体空间分布。本项目在勘察过程中根据现场勘测数据创建了三维地质模型，从而在结构基础设计过程中，可以根据地层的整体分布和空间分布效果，进行精确建模并提高设计精度。

2. 三维漫游

利用BIM模型三维可视化的优势，可在室内装修方案设计过程中，就关键部位实现三维漫游。例如在局部五层的装修方案敲定上，设计组便采用了这种方式，利用BIM模型实时渲染，模拟建成效果，并进行局部多方案比选，从而达到辅助方案设计定案的目的。

3. 建筑性能模拟分析

修复完成后，建筑还将继续用作办公功能投入使用。为确保其工程品质以及打造BIM设计示范工程，本次修缮工程还在设计阶段对其建成后物理环境进行了相关模拟分析，以期改善室内空间环境，提升建筑后续利用的可持续性能。

（1）风环境模拟

良好的风场环境有利于污染物和多余热量的及时消散，以及改善建筑及周边的户外空气品质。通过冬季室外风模拟分析可知，办公楼周边整体区域较为适宜户外行走（图4.6）。

（2）声光环境模拟

项目场地南侧紧邻南五马路，为城市主干路，双向12车道，车辆来往频繁，交通噪声干扰较大。因此，本项目有必要通过模拟对其噪声声级进行预先评估（图4.7），以便在办公楼修缮过程中采取必要的构造措施，降低噪声影响。此外，东侧新总部大厦立面多采用玻璃幕墙设计形式，为避免其建成后对老办公楼造成眩光影响，设计团队还在设计阶段对其进行了幕墙光环境模拟分析，以预先规避不利影响。结果表明，在9:00–16:00办公时段，新总部大厦的幕墙并不会对办公楼及其周边环境造成眩光污染（图4.8）。

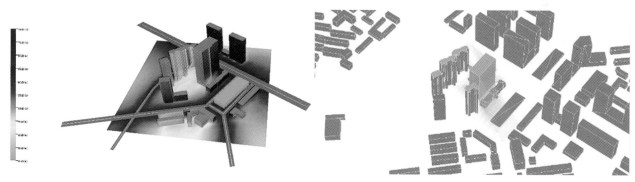

图4.7　城市噪声模拟分析　　　　　　　　　图4.8　幕墙光环境模拟分析

四、技术应用前景及展望

办公楼的测绘调查，均采用BIM技术进行空间信息提取，并建立数字化模型。在此基础上，东北院也以同样形式给施工单位进行了三维技术交底（图4.9），以便更加直观地交代施工要点，这同样取得了良好的效果。

BIM与GIS等技术的集成应用，为文物建筑修缮工作带来新的技术路线与管理模式的演进与变革。依据点云数据采集并建立BIM模型，具有高精度、高实用性的特点。以此为基础，进行建筑信息记录管理与相关物理环境模拟能够为进一步修缮设计方案的制定提供具有高置信度的决策指导。

目前，BIM、GIS技术正越来越多地应用于各类文保建筑修缮工程当中，其相关技术、流程及标准也在不断地发展完善。相信在此趋势的推动下，未来文物建筑的修复工作势必迎来新的技术变革。届时其修缮工作的高效性、科学性及系统性都将随之得到大幅的提升，为国家实现全面数字化转型战略提供有力的技术支撑。

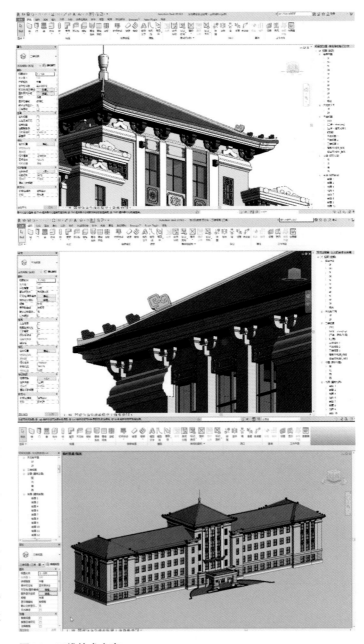

图4.9 三维技术交底

第二节　结构创新加固技术

城市更新需要对大量老旧建筑进行改造，尤其是历史文化建筑的改造，要求在保持原貌的同时，通过修缮加固延长其使用年限，这就依赖于结构工程师在技术上进行创新。中建东北院发明了高强钢丝布-聚合物砂浆加固楼板的成套技术，该技术在不破坏原有楼板情况下，在板底增设一层高强钢丝布-聚合物砂浆加固面层，来提高楼板的抗弯承载力；又在板顶增加高强度混凝土面层，提高楼板受压区高度，增加抗弯抗剪能力；而强度较低的原楼板处于中和轴位置，可保持整体刚度。该套技术包含高性能聚合物砂浆研发、试验方法及施工工法等，为既有建筑改造提供了一种高性能、高效率的楼板加固方法，为我国城市更新及建筑业发展提供了技术支持。

一、加固用高性能聚合物砂浆

高强钢丝布-聚合物砂浆加固材料是由高强钢丝网布、加固用聚合物砂浆和高分子界面胶组成，其中高强钢丝布由特殊制造的高抗拉强度、高弹性模量的钢丝与玻璃纤维编织而成。高强钢丝布和加固用聚合物砂浆喷抹复合的加固面层与旧混凝土交接面黏合可靠，达到对旧混凝土结构修复加固的目的。

该项技术配套的聚合物砂浆性能也有了更高要求，不仅要具有较好施工性，较高的抗压、抗折强度，还须要与旧混凝土之间有更高的黏结强度，与高强钢丝布有更强的握裹强度，以及更好的抗冻融、抗氯离子渗透性能，以提高加固混凝土构件整体耐久性能。

目前，以普通硅酸盐水泥为胶凝材料的加固用砂浆存在养护周期较长、收缩大、易开裂、砂浆与旧混凝土界面黏结强度低等问题，而以特种水泥为主要胶凝材料的加固砂浆同样有容易出现后期强度倒缩等问题。为克服现有问题，中建东北院研发了"一种高强钢丝布加固混凝土构件用耐久性聚合物砂浆"，并已申请发明专利。该项专利技术主要通过增添聚合物胶粉和抗冻融阻锈密实剂，有效改善加固砂浆的毛细微孔结构，在二者的协同作用下提高加固用高性能聚合物砂浆与混凝土界面的黏结强度和与高强钢丝布的握裹强度，提高加固构件的耐久性能。

二、加固性能模拟与加载试验装置

1. 加固性能模拟

基于中建东北院办公楼改造项目，为研究高强钢丝布-聚合物砂浆加固法在楼板加固中的受力性能以及获得真实的加固后数据，设计组模拟现状楼板制作了同跨度、近似等强度的钢筋混凝土试验基板进行了静载试验，分析高强钢丝布-聚合物砂浆加固面层对原结构楼板的加固作用。试验基板共制作了3类试件，分别为厚度80mm、无加固的对比试验基板（B1类试件），厚度80mm、板底采用高强钢丝布–聚合物砂浆加固法的基板（B2类试件），厚度130mm、板底采用高强钢丝布–聚合物砂浆加固法、板顶采用钢筋混凝土叠合层加固的基板（B3类试件）。通过对比分析试验结论如下：

（1）在试件挠度达到L/200之前，跨中正筋拉应力，均不超过300 MPa（一级钢筋强度设计值），即均未达到屈服，荷载主要由高强度钢丝承受。

（2）在挠度达L/200条件下的承载力和在弹性变形阶段内的抗弯刚度，B1、B2、B3类试件的承载力逐渐提高；B2类试件的承载力为B1类的2.6倍；B3类试件的承载力为B1类的5.9倍。

（3）在0.200 mm裂缝宽度条件下，B1、B2、B3类试件的承载力逐渐提高，B2类试件的承载力为对比试件B1类的1.5倍；B3类试件的承载力为B1类的5.9倍。3类试件计算的加载平均值，均小于挠度在L/200条件下的相应加载值。

（4）在承载能力极限状态下，B1、B2、B3类件的承载力逐渐提高，B2类试件的承载力为B1类的4.7倍；B3类试件的承载力为B1类的6.7倍。

（5）板边支座形式对承载力影响较大，当产生的挠度为1/200跨度值时，固定端支座形式加载值为简支形式的3.4倍；在产生0.200mm裂缝宽度时，固定端支座形式加载值为简支形式的2.3倍；极限状态时，固定端支座形式加载值为简支形式的7.7倍。所以，采用连续板相比简支形式能较大提高承载力。

由此说明这种复合加固方式，既提高了楼板刚度、强度，又对原楼板的耐久性进行了有效增强。

2. 加载试验装置

在楼板静载试验加载时须将楼板水平放置，由外部装置从顶部向楼板施压，以检测楼板的承载能力。现有的加载试验装置难以根据楼板跨度调整两端的承载位置，因此在对长楼板进行试验时，承载平台对楼板的承载宽度大于实际宽度时，试验数据会有较大误差。为此，中建东北院研发了《一种混凝土楼板加载试验装置》，并已申请发明专利（图4.10）。该项专利技术提供了一种混凝土楼板加载试验装置，具有能够根据不同规格的楼板调整楼板承载位置的特点（图4.11）。

三、加固混凝土构件施工工法

高强钢丝布–聚合物砂浆加固混凝土构件施工工艺流程如下：施工准备→原混凝土构件基层处理验收→放线定位→基层清理→界面胶施工→加固用高性能聚合物砂浆制备→结构表面涂抹第一层聚合物砂浆→在砂浆上铺设高强钢丝布→涂抹第二层聚合物砂浆→表面刮平压光→聚合物砂浆养护→表面处理和防护→检查验收。

1. 一种楼板加固施工顶棚凿毛装置

在楼板加固过程中，施工人员需要对板底进行凿毛处理，以便于增加楼板表面的附着力。板底凿毛处理时，需要施工人员手持凿毛工具逐步施工，施工过程中也需要施工人员仰头观察凿毛位置，期间产生的粉尘碎石会对施工人员的身体健康造成伤害，且由于施工人员手工操作，凿毛过程中难免出现遗漏而出现光滑区域。

为此，中建东北院研发了《一种楼板加固施工顶棚凿毛装置》，并已申请发明专利（图4.12）。该项专利技术提供了一种楼板加固施工板顶凿毛装置，凿毛位置可均匀调节，避免了出现光滑区域。

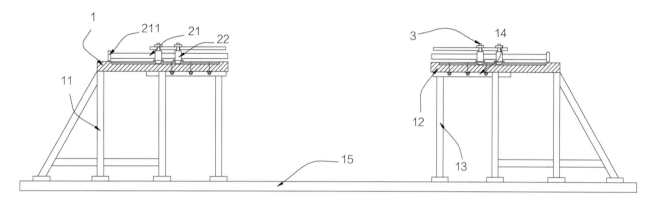

图4.10　混凝土楼板加载试验装置组成
（1-实验承载板；11-支架；12-延伸调节板；13-调节支撑柱；14-支撑板；15-基准横板；21-插接定位杆；22-定位套；211-限位块；3-紧固组件。）

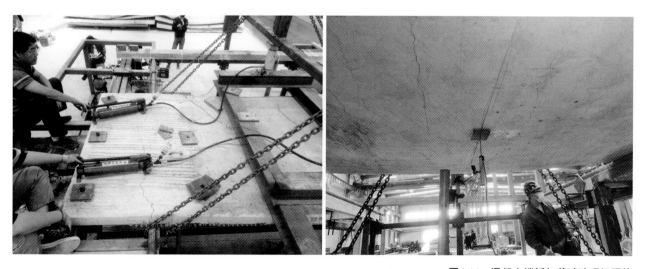

图4.11　混凝土楼板加载试验现场照片

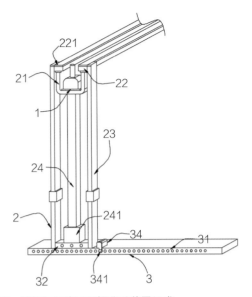

图4.12　楼板加固施工顶棚凿毛装置组成
（1-凿毛装置本体；2-支撑组件；21-支撑"U"板；22-滑动板；221-垫层；23-支撑套杆；24-调节杆；241-限位套；3-定位组件；31-调节轨道板；32-定位滑块；34-限位板；341-插接杆。）

2.　一种加固混凝土用高强钢丝布铺设装置

楼板加固时通常须对板底凿毛处理，增加高强钢丝（网格）布后，再用加固用高性能聚合物砂浆将高强钢丝布与旧混凝土楼板黏结成整体共同受力。高强钢丝布铺设于两层聚合物砂浆层之间，增加了两层砂浆间的黏结力和抗拉扯强度。但人工处理的棚顶及铺设的高强钢丝布凸凹会出现平整度不够的问题，这对高强钢丝布受力不利，从而影响加固效果。

为此，中建东北院研发了《一种加固混凝土用高强钢丝布铺设装置》，并已申请发明专利（图4.13）。该项专利技术提供了一种加固用高强钢丝布铺设装置，具有可对铺设的高强钢丝布平整度进行调节，以及对高强钢丝布进行承托限位的特点，确保加固效果。

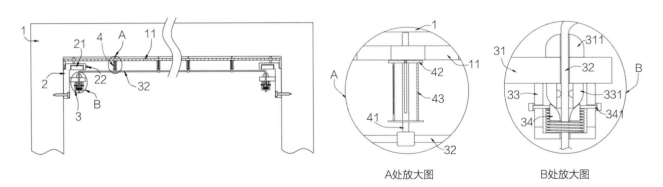

A处放大图　　　　　B处放大图

图4.13　加固用高强钢丝布铺设装置组成
（1-墙体；11-钢丝网本体；2-安装座；21-振荡器；22-投线仪；3-调节组件；31-支撑板；311-导向头；32-金属绳；33-安装罩；331-夹头；34-挤压块；341-导向环；4-支撑组件；41-支撑杆；42-托板；43-调节架。）

第三节　红外热像检测技术

水刷石墙面是建筑外墙面装饰做法之一，具有质感天然、色泽端庄、坚固耐久等众多优势，自20世纪30年代起，便在民用建筑中得到了广泛的应用，是我国50至80年代较为常见的墙面装饰做法。但与其他材料相比，水刷石墙面具有易开裂、收缩率较大等粉灰层饰面固有缺陷。在长年使用过程中，其极易受干燥失水影响造成黏结失牢，发生开裂、空鼓现象，随时具有剥落与脱落的风险（图4.14）。在影响建筑美观的同时，这些问题也严重影响使用人员的生命财产安全。因此，在正式修缮工作开展之前，常须预先对此类建筑外墙进行空鼓状况检测，以掌握饰面保存状况，再有针对进行修复，以最大限度降低安全隐患，提升修复成效。

目前，墙面空鼓检测最为传统且常见的做法是"敲击法"，即由操作人员手持空鼓锤对待检测墙面进行依次敲击，通过辨别不同敲击声音的差异，进而对具体空鼓位置做出判断（图4.15）。此方式虽具有良好的普及性，但却存在诸多局限。首先其操作流程相对繁琐，且对操作者的熟练度和经验丰富度提出了很高的要求。另外这种方法需要依靠检测人对声音的辨识进行判断，因而极易受人的主观差异影响，这就造成对于具体空鼓面积、深度等信息也无法准确做出定量判别。因此，考虑修缮过程的繁复性，本项目亟须一种更加准确且快速的勘察方法，以增加信息获取的可靠程度，提升检测效率。而近年来，红外热像检测技术发展迅速，因其具有非接触、快速实施等众多优势，日渐在建筑工程领域得到广泛的应用（图4.15）。

一、检测技术原理

红外热像检测技术是借助红外热像仪对物体红外辐射量进行接收，形成热像图。根据物体表面温度场分布状况，便可直观显示墙面材料或结构物上存在的工程缺陷。自然界中任何温度高于绝对零度（–273.15℃）的物体均存在红外辐射。受室内外各类环境因素或内部结构差异影响，建筑外墙饰面各部位内

（a）敲击法空鼓检测　　（b）红外热像空鼓检测

图4.14　办公楼水刷石墙面及其空鼓现状　　图4.15　常见空鼓检测方法

外表面的传热速度通常会有所不同。在实际检测中，空鼓部位由于墙面抹灰层与主体结构发生局部脱离而形成空气夹层。而与其他材料相比，空气的导热系数相对较小，因此当外墙受日照辐射或从其周边环境吸收热量时，空鼓部位的升温速度也较正常墙面部位更快，温度更高。该技术本质便是利用当温度变化时由于空气夹层存在所造成的"热堆积"而在墙体表面形成相对的"冷""热"分区，经仪器拍摄直观展示空鼓脱离部位，为工程检测、诊断评估提供参考（图4.16）。

二、红外热像仪

红外热像仪是红外热像检测技术的核心设备，通常由红外探测器、光学成像物镜、光机扫描系统三个部分组成。其工作原理是利用红外线，对待测墙面表面红外辐射量进行摄取，而后经过多次扫描，便可对多幅辐射成像进行整合，形成红外热像照片即"热像图"，用以后续分析处理（图4.17）。

1964年世界上第一套工业用红外热像仪在瑞典研制成功，并很快被用于建筑物节能保温性能的检测。步入21世纪，世界各国相继就红外热像检测技术展开了改进研究。而自2003年开始，我国将此项技术正式纳入国家级863科学研究计划当中，由此可见红外热像检测技术在我国科技发展中的重要地位。近年来，我国多个部门先后发布了红外检测国家和行业标准，建立了红外资质认证培训中心，并研发了相应的红外热像检测仪器，为红外检测在国内的推广提供了有力的支撑。

红外热像仪所呈"热像图"同时包含了温度信息，因此亦称"温度图"。其中，温度分辨率是红外热像仪能从待测物体中分辨出目标辐射的最小温度差，通常可用"噪声等效温差"（NETD, Noise-Equivalent Temperature Difference）进行度量，是衡量红外热像仪器精确度和灵敏度的关键指标。目前，我国自主研制的红外热像仪器NETD指标普遍可达40mK（0.04℃）以内，已趋于国际领先水平，具有很好的检测精度。在后期图像处理过程中，搭配标准化图像处理软件，如NS9200 Report Generator、Super Resolution、FLIR

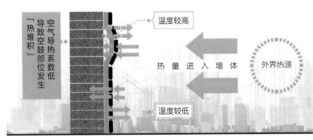

图4.16 红外热像技术空鼓检测原理

（a）红外热像照片　　　（b）可见光照片

图4.17 红外热像图

Thermal Studio等,该技术便可实现温度数据的量化分析,生成检测报告,以便修复参考。

三、检测注意事项

1. 天气条件影响

待测墙面红外辐射通过空气被热像仪所接收,在此过程中,红外辐射会被空气分子吸收或受其他微观颗粒影响造成散射,这会改变辐射强度从而导致检测结果误差。因此,在实际检测过程中,应尽量避免仪器与热像仪间存在烟雾、粉尘等不利影响,更不应在雨雪或多云天气条件下进行观测。一方面原因在于,阴雨气候条件下大气中水汽及微粒成分相对较高;另一方面则在于,雨后墙体表面较为潮湿,此时水汽极易渗入空鼓部位,导致其空鼓部位导热系数迅速提升,甚至与正常墙面相差无几,从而无法对其空鼓边界及严重程度做出明晰判别。因此,在实际操作过程中须确保天气条件足够干燥(夏季连续3天晴朗后,冬季连续7天晴朗后)方可开始检测,以获取更为可靠的检测结果。

另外,在检测时还须额外注意拍摄倾角的控制。当拍摄仰角增大时,墙面与热像仪间的相对距离有所增加,其大气透射率便会减小,从而导致温度分辨率的降低。因此,在拍摄时,除选择适宜的拍摄地点外,通常还须注意将拍摄仰角控制在45°以内,而水平倾角也宜控制在30°以内,以避免不利影响。

2. 时间因素影响

依据检测原理,温度分布差异是判断空鼓范围和程度的重要依据。因此,"热像图"中各墙面部位温度差异梯度也会对检测结果产生至关重要的影响。但事实上,建筑墙体本身并不发热,导致其温度提升的热量主要来自于日照辐射,那么一天当中不同时段太阳日照辐射的差异影响便不容忽视。如表4.2为某西向建筑外墙在一天当中各时段红外检测效果的情况统计,以其空鼓部位与正常墙面逐时温差进行表征。可以看出,对于同一处存在空鼓的外墙,所能勘测到的温度差异范围均有所不同。因此,在实际工程检测过程中,还须充分考虑拍摄时间的选择,尽量采用多时段拍摄的方式,以筛选不同墙面朝向的最佳检测时间,由此增大墙体表面温度差异、增强区分度,提高检测结果准确度。

3. 辐射率差异影响

辐射能投射至物体表面时,会发生反射、吸收和透过现象。物体吸收辐射能后温度升高,并随之

某西向空鼓墙面不同时段红外检测温度差异 表4.2

检测时间	7:30	8:30	9:30	10:30	11:30	12:30	13:30	14:30	15:30	16:30	17:30	18:30
温差(℃)	0.1	0.2	0.5	0.8	1.0	1.4	1.9	2.3	2.6	2.0	1.4	0.6

又辐射出一部分能量。而后，其辐射能量又被红外热像仪所接收，形成"热像图"。其中，辐射率（或发射率）便是描述被测物体辐射能力的关键指标，等于物体自身辐射的能量与同一温度下绝对黑体的辐射能量之比，记作ε，为介于0和1之间的一个常数。不同物体间的辐射率存在很大的差异，而辐射率的大小与物体材料、形状、表面粗糙度、凹凸度、氧化度、颜色乃至厚度等均存在密切的关联。

通常，纯金属材质的辐射率相对较低，而当物体表面覆有漆膜、涂料、油渍等污染层时也会对物体表面辐射率产生明显的变化。另有实践证明，物体辐射率对波长最为敏感。因此，在实际勘测过程中，还须结合项目实际特殊情况，对其墙体表面污渍、残留异物（特别是空调外机支架）、墙体镜面（如玻璃、瓷砖）等情况加以辨认。必要时也可采取其他手段加以验证，将其辐射率影响纳入考虑范畴，并在图像处理软件中加以修正，以尽可能降低误判，提高检测准确率。

4. 背景辐射影响

任何物体间都存在红外辐射的传递，而物体表面还存在反射作用，可将一个物体的辐射间接传递至另一物体。因此在实际检测工况环境下，除墙面本身的红外辐射外，还存在墙面对天空、大地和大气等环境光的反射以及来自设备、操作人员和周边实物的辐射等影响。这些不同环境因素的相互作用，便形成了错综复杂的背景辐射。因此在检测时，须要求操作人员对特殊的辐射源造成的影响做出额外排查。如距离建筑物较近的车辆或树木遮挡、墙面附近人员活动、室内外热源等，这些都可能导致局部墙面温度的改变，从而影响检测结果。

四、技术发展趋势

红外热像检测技术是目前较为先进且有效的无损检测技术之一，近年来在外墙空鼓检测等建筑工程领域日渐得到了广泛的应用。早在2003年，中国建筑科学研究院便出台了《红外热像法检测建筑物外墙饰面粘贴质量技术规程》Q/JY 25—2003，而后又相继于2006年、2012年陆续出台了《红外热像检测法检测建筑外墙饰面层粘结缺陷技术规程》CECS204：2006和《红外热像法检测建筑外墙饰面粘结质量技术规程》JGJ/T 277—2012，这标志着我国红外热像检测技术，已步入规范化、标准化发展时代。而伴随红外热像检测技术的不断进步，其检测可靠度也日渐提升。

与传统方法相比，红外热像检测技术具有非接触、远距离、实时、快速、可全场测量等优点。但值得注意的是，此项技术受拍摄条件、工况环境等影响依旧较大，这些因素都将不可避免地对检测结果造成不利影响。因此，红外热像检测技术的成像结果虽能提供可靠的勘测参考，但在具体修复施工过程中，仍须检测人员视具体情况加以分析，并结合实际操作逐一判别，做出有针对的重点修复，方可实现令人满意的修缮效果。

第四节　外墙清洗技术

因市政粉刷原因，办公楼水刷石外墙表面存有大面积涂料覆盖。为最大限度复原建筑历史风貌，并尽可能保护原有水刷石面层免遭破坏，须选取适宜技术对其墙面污垢进行清洗。但经查证，目前尚无任何水刷石墙面涂料去除的先例可供参考，加之由于市政方面历史资料缺失，其涂料成分乃至涂料同墙面的结合处理方式均不明确。因此，在正式清洗工作开展之前，须进行实地调查，采取实际样本进行验证，以做出最佳墙面清洗方案的比选。常见外墙清洗方式如图4.18所示。

一、技术特点分析

1. 机械清除法

机械清除法，是指完全依靠人工或机械力量，通过手工或机械刮铲、打磨等方法进行除漆处理的清洗方式，依据具体工序又可划分为刮削法、清刷法、打磨法等多种做法。

其中，刮削法是最为常见的外墙涂料清除方法。首先，在施工之前须确保刮刀锋利。施工时要求在一个方向均匀施力对污染处进行刮削，之后再以90°方向进行垂直刮削。待刮削完成后，可采用中粒度砂纸对余下漆膜边缘进行打磨，即可实现较好的墙面清洗效果。其中，对于墙面转角处或弧形墙面，可采用三角形或圆形刮刀。而对于较为坚硬的墙面，如硬质或金属表面，则可采用双柄刮刀进行施工。当基材为木器或钢材时，也可选用电动砂带磨光机等动力打磨工具进行替代。

此外，对于砖、水泥、石材等墙面或一些木器裂纹处污染物的清洗，则可采用硬质金属手刷，沿墙面垂直方向进行清刷，即清刷法。其中，金属手刷也可用动力钢丝刷替代，但这种方式仅适用于一些难以清洗区域的墙面处理，且在清洗时要求操作人员务必格外小心，以免破坏墙面。

机械清除法的优势，在于能够对墙面污染进行清除的同时，可以对其表面有害锈进行一并清理，这对于质地坚硬且保存完好的墙体表面极为有效。但这种方法对于施工人员的操作素养要求较高，如若处理不当，极易造成墙体表面的损害或毁伤。

2. 动力冲洗法

动力冲洗法是指采用高压喷水、蒸汽喷射等方式，对墙面污染处进行冲刷或喷熏，以浸润基材表面并去除污垢。在施工操作上，搭配部分化学药剂可使漆体更易松动软化，注意避免使用刺激性很强的清洁剂或漂白剂。之后将高压喷头置于距墙体表面15～20cm处以水平或向下倾斜角度进行喷射，注意避免损伤壁板，便可有效去除老旧松动的漆膜。

动力冲洗法的优点在于其环保性能较好，但其缺点则是有可能造成建筑墙面及其他构件的破坏。

（a）机械刮削　　　　　　　　　　（b）动力冲洗　　　　　　　　　　（c）化学清洗

图4.18　常见外墙清洗方式

如由于建筑外墙门窗等部位相对脆弱，高压水流喷射容易将其击碎，对此类区域的冲洗也须格外小心。同时，高压喷水冲洗也容易对建筑墙面造成潮湿性破坏。如一些古建筑的外墙，其黏结处泥灰材料极易因水流侵蚀而导致强度降低，从而造成整体结构受损。此外，动力冲洗法也可采用高压喷砂的方式进行处理，但此法仅适用于金属等质地较为坚硬表面，对于水刷石材质而言极易造成其面层的损伤。

3. 化学清洗法

对于一些年代久远的石材墙面，涂料等污染物极易伴随时间推移而浸入石材孔隙当中，这时采用一般性的表面刮削、冲洗处理已经难以去除。而对于此类墙面深层污染，采用化学清洗的方法通常会取得较好的效果。化学清洗的主要原理是利用脱漆剂对漆膜的溶胀和溶解作用，使漆膜脱离物体表面，从而达到除漆的目的。其脱漆剂的成分通常以混合有机溶剂为主，再加入石蜡等增稠剂，便可用于附着墙体表面，使脱漆剂浸润渗透石材孔隙，与其深层污染发生化学反应。待反应完成后，通过冲洗稀释或吸出等方式便可将其污染去除，从而实现墙面清洗效果。

化学清洗的优势在于其应用场景较为广泛，可方便应用于各种类型墙面或立面构件，对绝大多数油性涂料、乳胶漆、底漆、着色剂和清漆等都有很好的清除效果。而通过对脱漆剂的成分、配比进行科学合理的把控，其腐蚀性也相对较小，通常不会对墙面造成损伤。但值得注意的是，化学清洗法所用脱漆剂通常毒性较大且成本较高，同时也存在一定的易燃风险，这就要求施工人员在操作过程中加强防范以规避隐患。

4. 热风枪除漆法

热风枪是一种新型的吸附式电热除漆枪，其除漆工作原理是对漆体表面进行加热，使之升温软

（d）热风枪除漆　　　　　　　　　　（e）激光除锈　　　　　　　　　　（f）激光除漆

化，进而更加易于刮除。在施工操作过程中，须依据漆料材质的差异或漆层厚度的不同，调整风枪温度及风速，从而达到最佳的除漆效果。除掉的漆膜可被吸附并收集于风枪吸尘舱内进行密封，因而除漆过程不会产生粉尘、化学晶体等污染，具有较好的环保收益，有效改善施工作业环境。

热风枪除漆的优势在于其良好的操作性，通过合理控制调节，热风枪除漆并不会导致基材表面的过热、烧焦等损伤隐患。但值得注意的是，若检测漆膜中含有铅等重金属成分，则须避免采用热风枪对其进行直接清除。其原因在于，风枪的高温气流会导致重金属成分的气化挥发，这将严重危害施工人员健康，因而务必提前做好相应的防护。此外，一些漆料如水泥漆、磁漆、矿物漆等并不会因受热而发生软化，因而无法采用热风枪除漆法对其进行清除。目前，此法多用于金属基材表面旧漆的清除，而对于水刷石类粗糙墙面旧漆清除的实际效果，尚须结合现场取样的实验加以论证。

5. 激光除漆法

激光除漆法采用高能激光束照射工件，使漆体表面涂层、漆层发生瞬间受热膨胀并剥离，从而实现净化基材表面的效果。因其除漆过程不与被清洁面产生直接的物理接触，因此激光除漆法具有不损伤基材表面、清洁度程度高、便于操作等众多优点。

然而目前激光除漆法的应用市场尚不成熟，有关此法的实际除漆效果及性价比，还应依据反复的比选做出判定。与其他技术相比，激光除漆法的设备成本相对较高，这也导致其普及程度较低。此外，只有当漆料表面的吸光率达至最大时，激光除漆技术才能发挥其最佳的清洗效率。为此就必须依据漆料种类的不同，选用适宜波长的光束对其进行照射。但事实上，常见的油漆涂料种类十分庞杂，每种油漆的最佳光束波长均有所不同。而更为复杂的是，粉刷工程中实际所采用的油漆通常为多种油漆的混合物，其内多混有黏合剂、颜料等其他成

| （a）材料准备 | （b）脱漆剂喷涂 | （c）局部不易喷涂处采用滚刷方式 |

图4.19　水刷石墙面清洗作业

分，这进一步加剧了最佳波长选择的困难度。因此，若想达到令人满意的除漆效果，尚须对墙面污染涂料的成分做出鉴定。而此法是否适用于办公楼这类水刷石墙面的涂料清洗，也须与厂家进行沟通并经过现场测试方可做出定论。

二、技术方案比选

选择合理且适宜的清洗技术，对于保障建筑外观的高质量修缮而言至关重要。墙面清洗的根本目的，在于去除污染，最大限度还原并延续建筑本来的历史风貌，使之免遭进一步侵害。因此，所选用的清洗技术，须能有效去除墙面污染，并且不对墙面材质造成破坏。在施工前，应做好谨慎的比选，在施工过程中也要做到操作环节的可控，将其风险降至最低。

东北院办公楼外墙面为水刷石材质，并主要存有涂料覆盖、水渍、铁锈等污染物。因其表面并不

平整，刮削、打磨等机械清除方式，将难以做到污染物的彻底清除。而经工程质量检测，部分墙面已出现一定空鼓现象，如若操作不当，机械清除方式极易造成水刷石基层的严重破坏。此外，经现场测试，热风枪除漆无法做到深层污染物的有效清除，且对墙面表面污染物的清除效果同样欠佳。而由于本项目墙面涂料成分不明，若考虑采用激光除漆方式，其最佳波长的选择同样难以确定，修缮效果难以保障。

经多方论证对比，本次修缮工程最终选用化学清除与动力冲洗相结合的方式。其原因在于，水刷石墙面具有孔隙率较大的材料特性，加之年代相对久远，其表面涂料早已渗入基层孔隙之内。化学清除能够有效清除其深层污染，通过选用环保脱漆剂，此种方式并不会对外墙造成严重的腐蚀损坏。待其涂料污染被脱漆剂充分溶解后，进行动力清洗即可实现较好的清洗效果，这种方式相对更具科学性且易于实现。

（d）涂料冲洗

图4.20　涂料清洗前墙面原状

图4.21　涂料清洗后墙面效果

三、外墙面清洗程序

结合最终清洗技术定案，拟定操作工序如下：

1．材料、设备准备

首先准备一个上部带孔的大号塑料桶，然后将环保除漆剂倒入塑料桶内。涂料清洗采用的主要设备是液压喷枪和高压水枪。在正式清洗工作开展前，须将液压喷枪的进水管插入预先准备好的塑料桶内，并确保进水口位于液面以下。另外，还须准备一个装满清水的水箱，并以液压喷枪相同的方式将高压水枪进水管埋于水箱之内。

2．脱漆剂喷涂

脱漆剂的喷涂，采用液压喷枪将脱漆剂均匀喷涂于待清洗的外墙表面。为最大限度确保喷涂的均匀性，其操作过程应按墙面由上至下的顺序依次进行，局部不易喷涂处采用滚刷方式。

3．涂料冲洗

待脱漆剂与外墙涂料发生充分化学反应，时长约需72h，外墙涂料与水刷石墙面基层发生脱离。此时，可尝试采用高压水枪对喷涂墙面进行冲洗，以清除脱漆剂、漆膜等残留物。如能轻易冲洗掉涂料，则说明脱漆剂已与外墙涂料反应完全，否则须立即停止冲洗，待其充分反应后方可进行。冲洗时须注意喷射水流与墙面的夹角不宜大于45°，另须避免过度冲洗，谨防冲洗过程中外墙水刷石子或浆料掉落，影响冲洗效果。

4．污垢清理

待涂料清洗完成后，墙体表面仍存有少量残余污垢。其清洗方法可采用钢刷清刷与高压动力冲洗相结合的方式。对于污垢部位，首先采用高压水枪进行冲洗，之后使用钢刷将污垢刷掉，如此反复进行冲刷，直至清理干净（图4.19）。

涂料清洗前后墙面对比见图4.20和图4.21。

第五章　图版篇

　　1954年，东北院办公楼依据苏联"构成主义"设计而建。受当时"社会主义内容、民族形式"建筑理论影响，其外观又多见斗栱、额枋、窗花等中式装饰构件，呈现出典型的中式新古典主义风格。建筑本身即是我国近现代特殊历史背景下，民族元素与现代功能相结合的经典范式，具有独特的美学价值。而同时，办公楼作为东北院院史馆，还收藏并陈设有自50年代以来不同时期的办公物品，亦是见证新中国成立以来建筑设计行业发展的重要载体，向世人深情地诉说那特殊时期封存的记忆。

图5.1 正立面

图5.2　正立面夜景

图5.3　正立面沿街透视

图5.4 主入口

图5.5 主入口夜景

图5.6　入口雨篷

图5.7　檐口处装饰细部

图5.8　额枋、墙面雕花等细部

图5.9　屋面脊吻

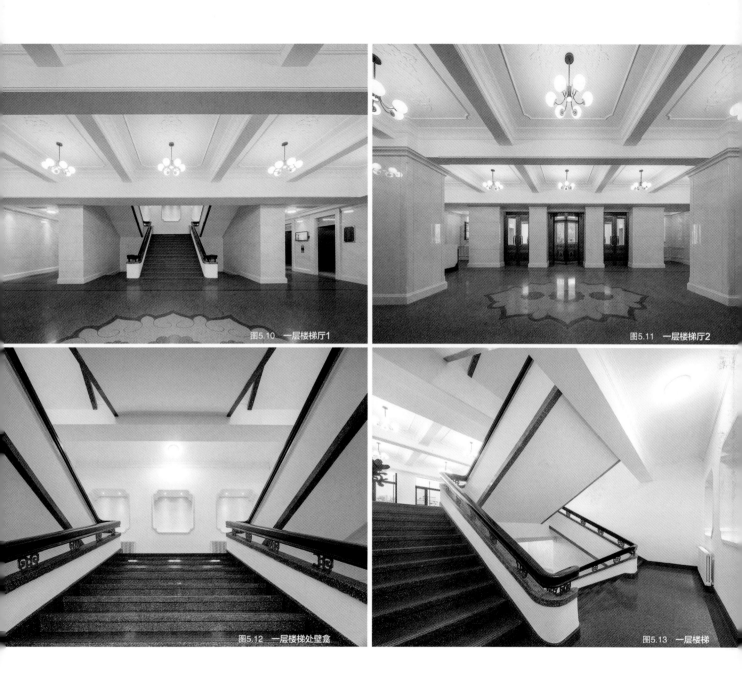

图5.10　一层楼梯厅1

图5.11　一层楼梯厅2

图5.12　一层楼梯处壁龛

图5.13　一层楼梯

图5.14　二层楼梯

图5.15　二层楼梯厅

图5.16　四层楼梯厅休息处

图5.17　四层电梯厅

图5.18 四层楼梯厅

图5.19　五层楼梯

图5.20　五层入口处

图5.21　五层栏杆扶手

图5.22　五层大厅1

图5.23　五层大厅2

图5.24 大会议室

图5.25　走廊1

图5.26 会客室

图5.27 走廊2

院内部分收藏陈设

图5.28　民国时期毕业证书

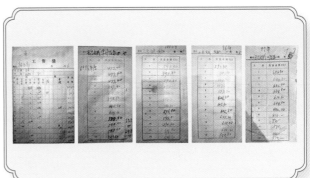

图5.29　1994—1997年工资袋

图5.30　1984年建院30周年纪念杯和纪念章

图5.31　1984年院章和领带夹

图5.32　1984年和1985年两届国家城乡建设优秀设计优质工程奖

图5.33　1993年综合实力百强勘察设计单位奖章

图5.34　绘图工具

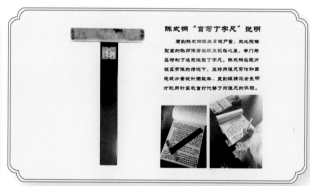

图5.35　盲写丁字尺

图5.36　1950年11月版《实用工程手册》

图5.37　20世纪50年代俄文打字机

图5.38　20世纪60年代医药箱

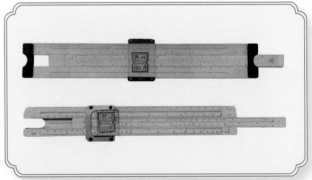

图5.39　20世纪70年代双面计算尺

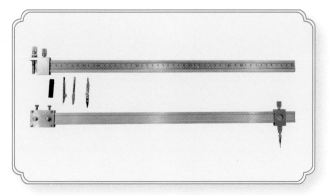

图5.40　80年代刻线大地规

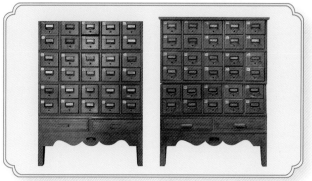

图5.41　20世纪80年代档案存档卡片柜

图5.42　20世纪90年代工作服

图5.43　1991年第一本院刊

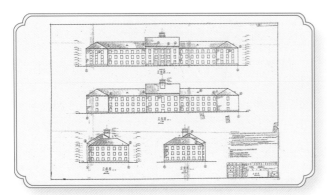

图5.44　20世纪50年代建筑设计图纸

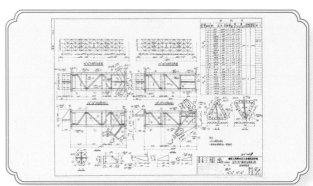

图5.45　20世纪60年代建筑设计图纸

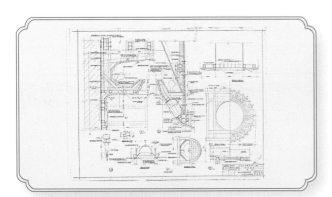

图5.46　20世纪70年代建筑设计图纸

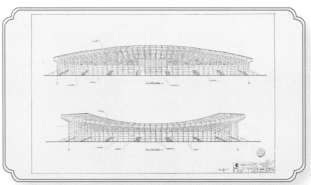

图5.47　20世纪80年代建筑设计图纸

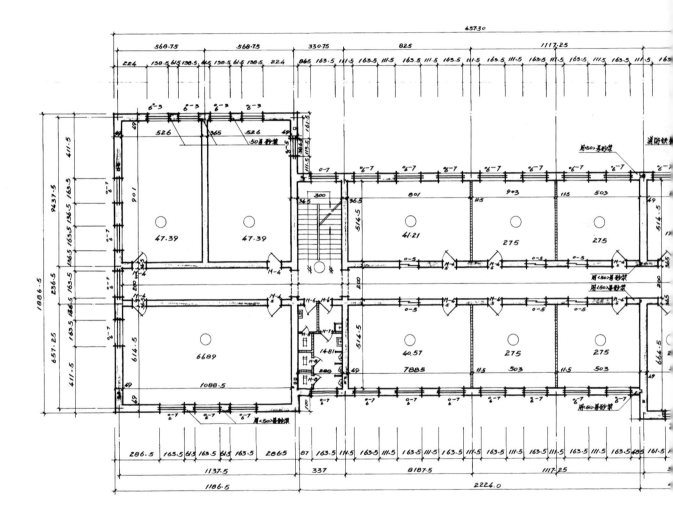

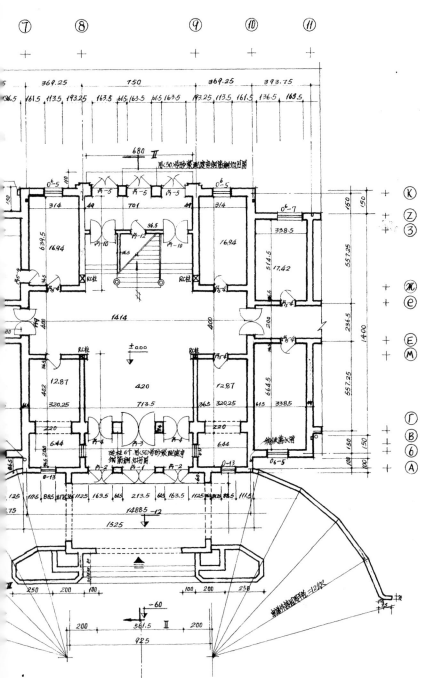

图5.48　一层平面图

原设计图纸节选

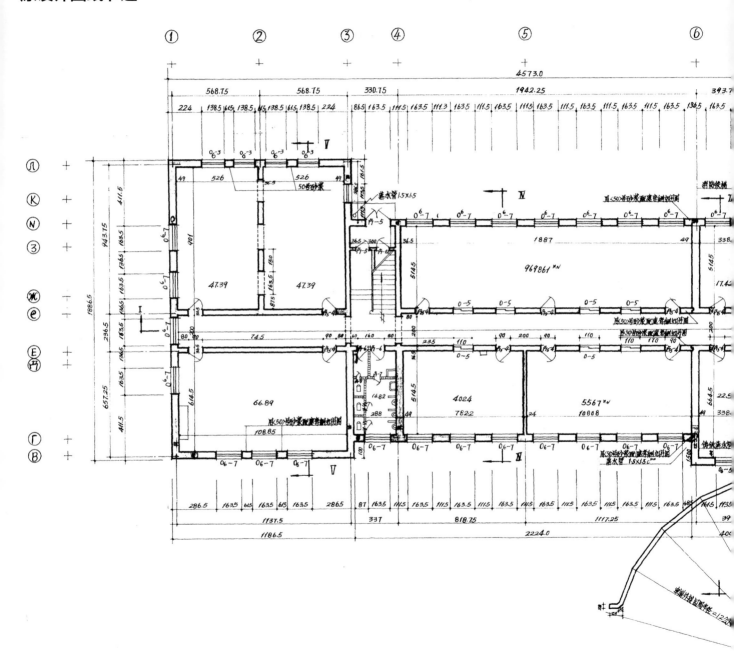

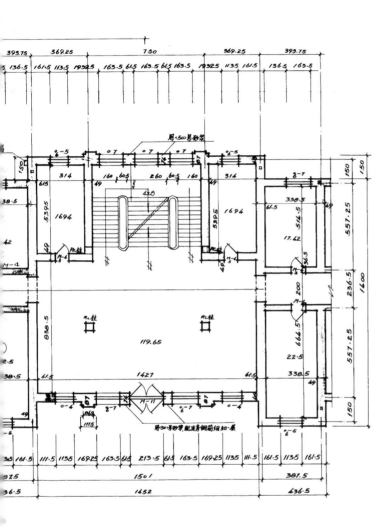

图5.49 二层平面图

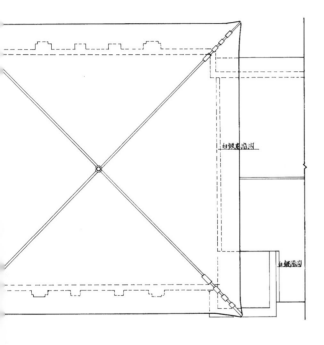

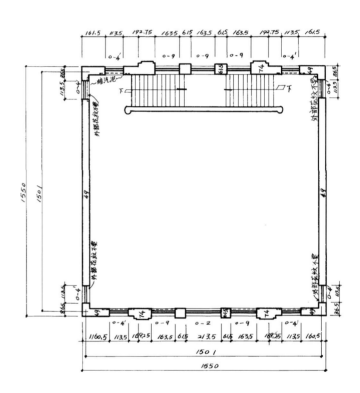

图5.51 五层平面图

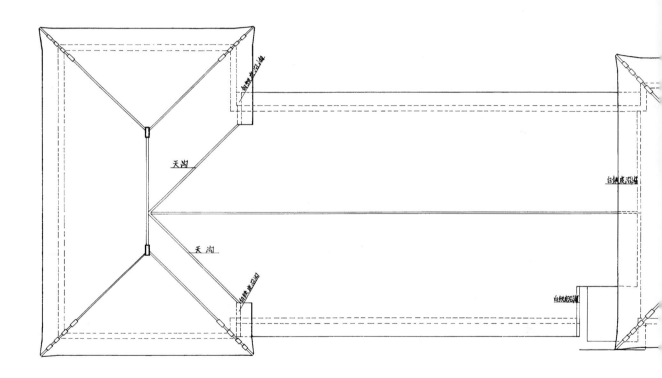

天沟

天沟

白铁皮泛水

白铁皮泛水

白铁皮泛水

白铁皮泛水

图5.50 屋面图

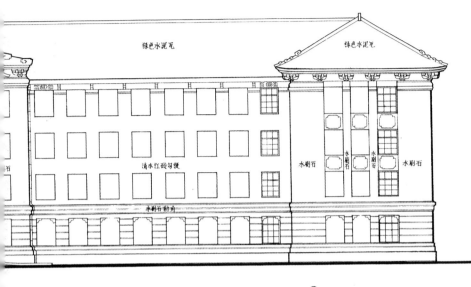

图5.52 正面图

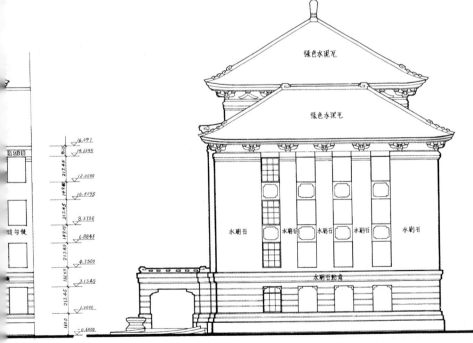

图5.53 背面图

图5.54 侧面图

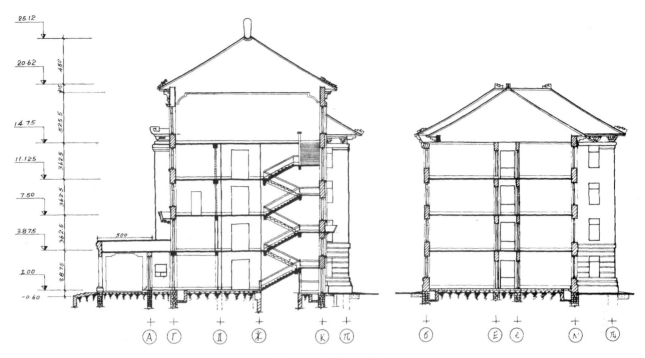

图5.55 Ⅱ－Ⅱ剖面图

图5.56 Ⅲ－Ⅲ剖面图

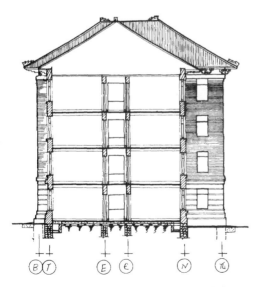

图5.57 Ⅳ－Ⅳ剖面图

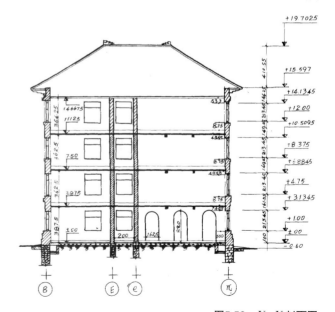

图5.58 Ⅴ－Ⅴ剖面图

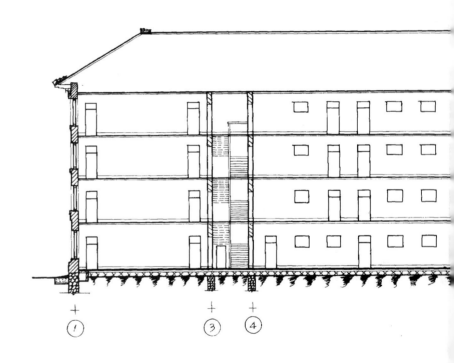

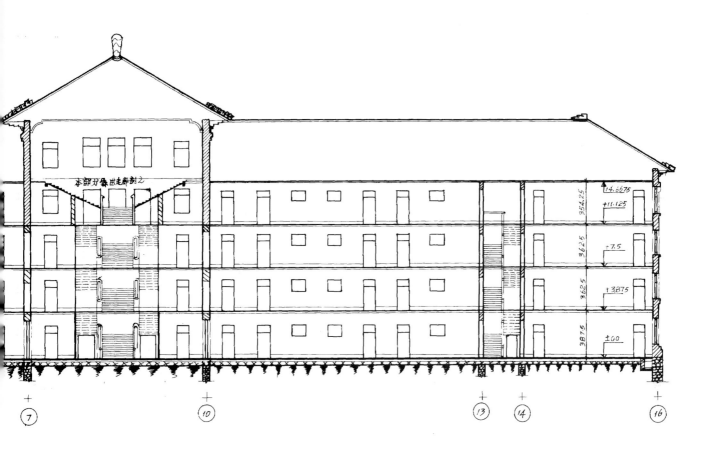

图5.59 Ⅰ-Ⅰ剖面图

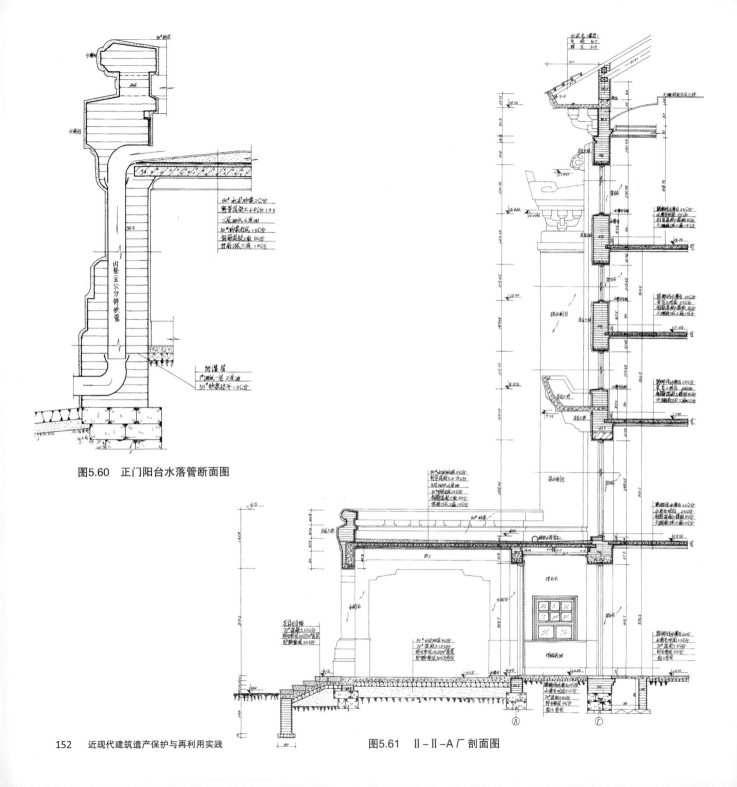

图5.60 正门阳台水落管断面图

图5.61 Ⅱ-Ⅱ-A厂剖面图

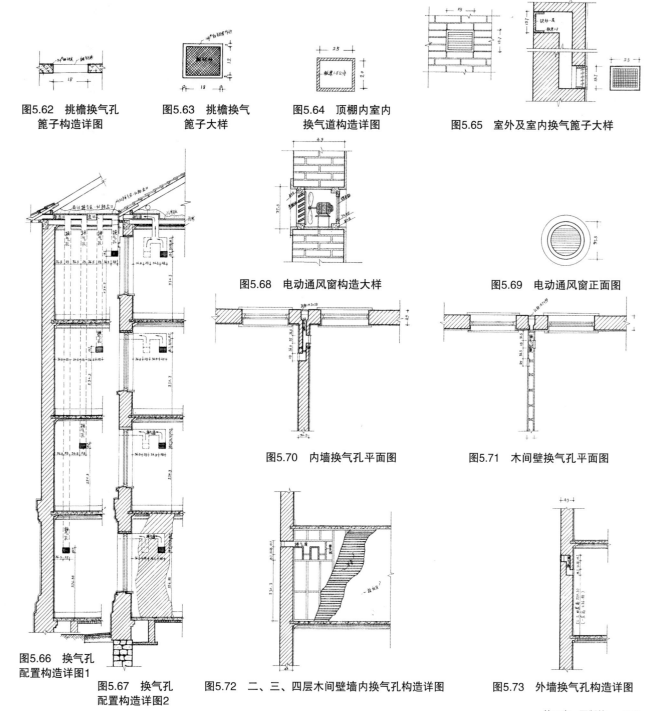

图5.62 挑檐换气孔篦子构造详图

图5.63 挑檐换气篦子大样

图5.64 顶棚内室内换气道构造详图

图5.65 室外及室内换气篦子大样

图5.68 电动通风窗构造大样

图5.69 电动通风窗正面图

图5.70 内墙换气孔平面图

图5.71 木间壁换气孔平面图

图5.66 换气孔配置构造详图1

图5.67 换气孔配置构造详图2

图5.72 二、三、四层木间壁墙内换气孔构造详图

图5.73 外墙换气孔构造详图

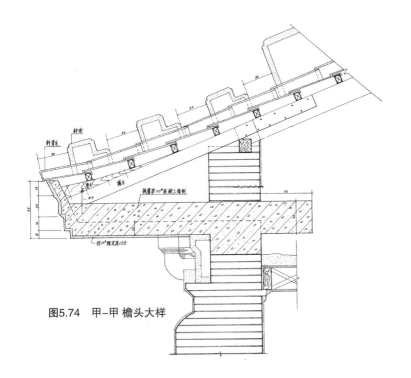

图5.74 甲–甲 檐头大样

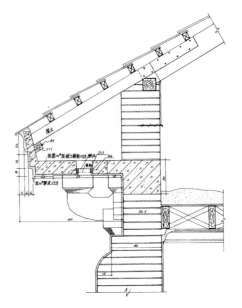

图5.75 乙–乙 檐头大样

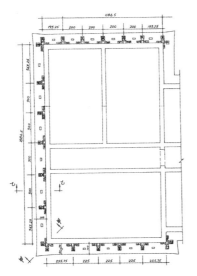

图5.76 斗栱、换气孔平面图

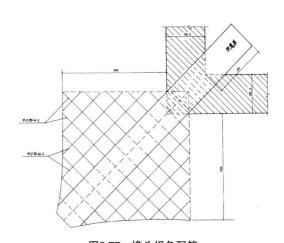

图5.77 檐头拐角配筋

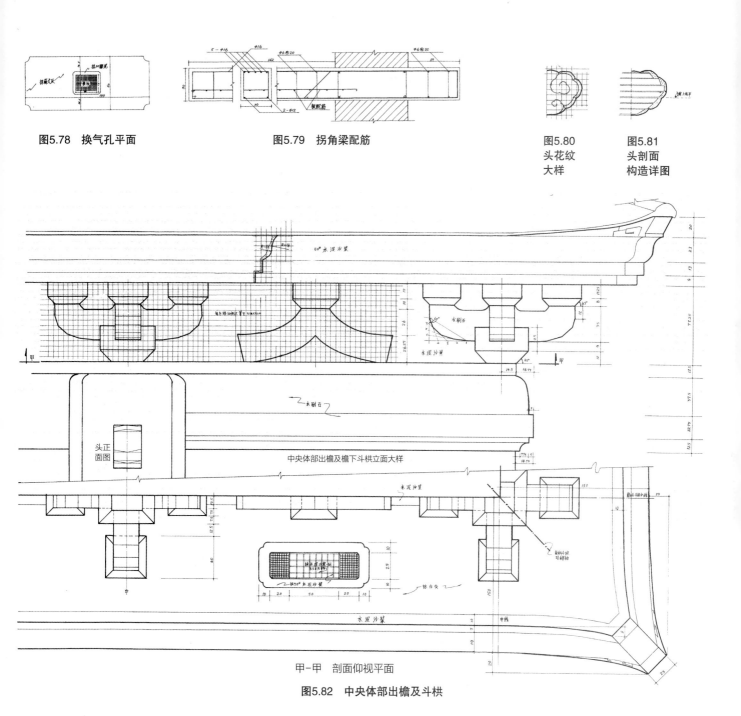

图5.78 换气孔平面

图5.79 拐角梁配筋

图5.80
头花纹
大样

图5.81
头剖面
构造详图

头正
面图

中央体部出檐及檐下斗栱立面大样

甲-甲 剖面仰视平面

图5.82 中央体部出檐及斗栱

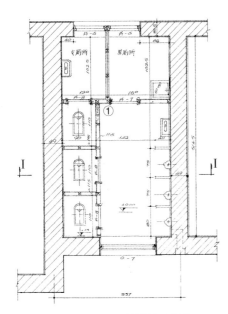

图5.83 一二三楼厕所平面图

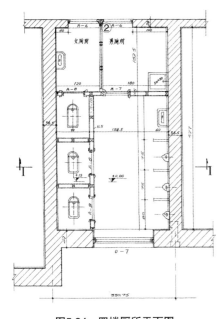

图5.84 四楼厕所平面图

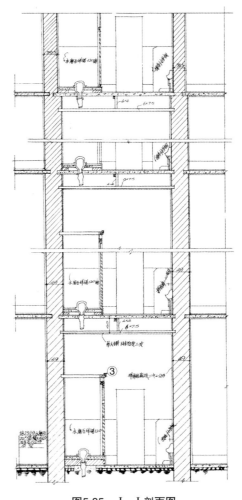

图5.85 Ⅰ-Ⅰ剖面图

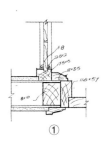

①

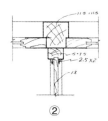

②

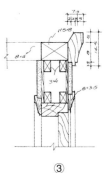

③

图5.86 厕所大样

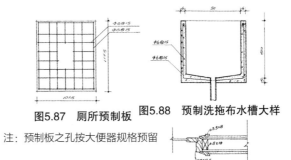

图5.87 厕所预制板

图5.88 预制洗拖布水槽大样

注：预制板之孔按大便器规格预留

图5.89 门贴脸大样

图5.90 预制挡板大样

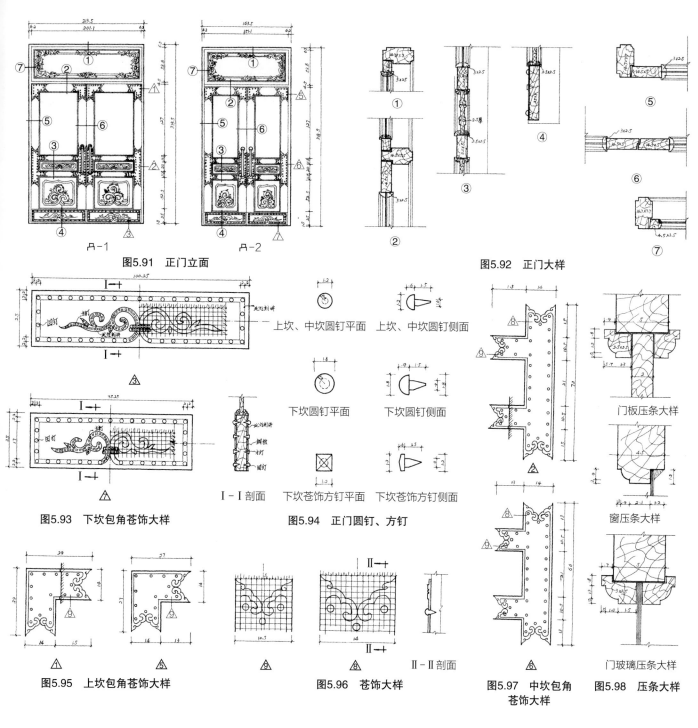

图5.91 正门立面

图5.92 正门大样

图5.93 下坎包角苍饰大样

上坎、中坎圆钉平面　上坎、中坎圆钉侧面

下坎圆钉平面　下坎圆钉侧面

Ⅰ-Ⅰ剖面　下坎苍饰方钉平面　下坎苍饰方钉侧面

图5.94 正门圆钉、方钉

门板压条大样

窗压条大样

门玻璃压条大样

图5.98 压条大样

图5.95 上坎包角苍饰大样

图5.96 苍饰大样

Ⅱ-Ⅱ剖面

图5.97 中坎包角
苍饰大样

修缮设计图纸

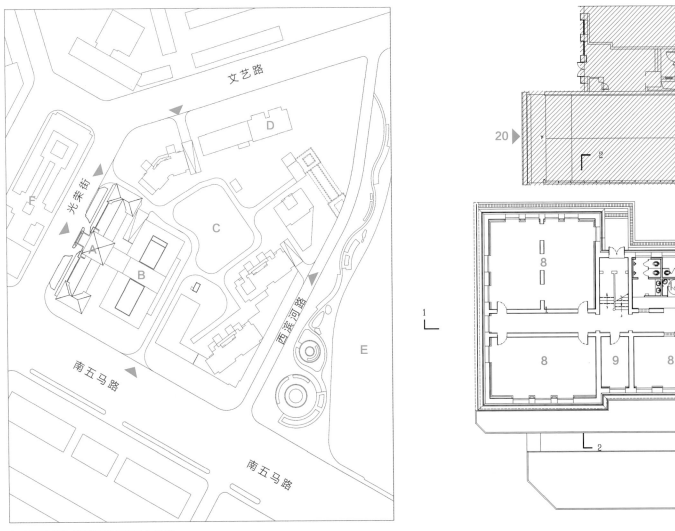

A 中国建筑东北设计研究院老办公楼
B 中国建筑东北设计研究院新总部大厦
C 华润置地瑞府
D 东北设计院家属楼
E 南运河
F 方型广场

图5.99 总平面图

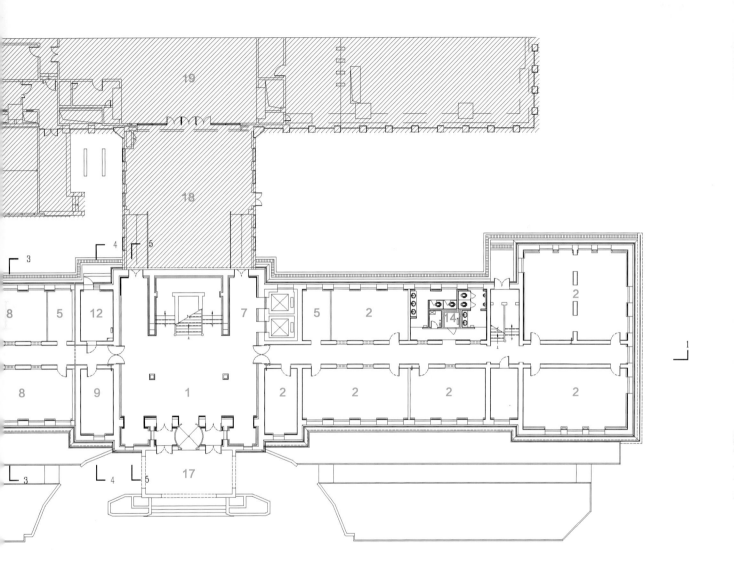

1-门厅 4-茶水间 7-电梯厅 10-活动用房 13-局部五层空间 16-弱电机房 19-新总部大厦大堂

2-办公室 5-开敞休憩空间 8-院史展厅 11-会客室 14-卫生间   17-入口门廊 20-地下车库入口

3-会议室 6-楼梯厅 9-院史办公室 12-消防控制室 15-配电间   18-新总部大厦连廊 21-地下车库

图5.100 一层平面图

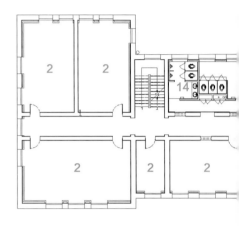

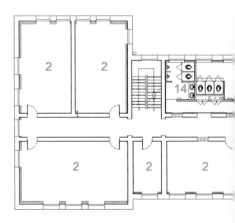

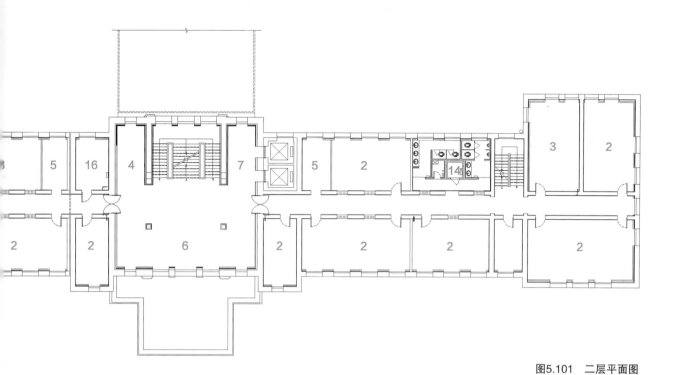

图5.101 二层平面图

图5.102 三层平面图

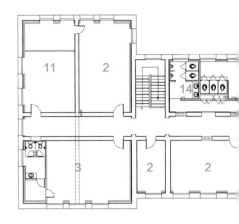

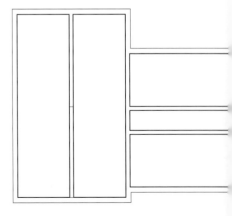

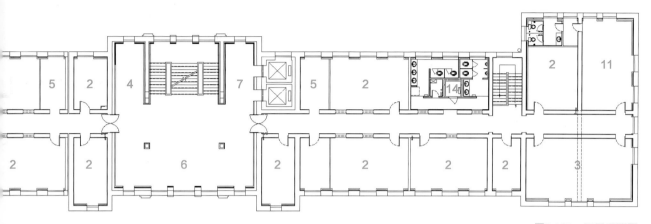

图5.103　四层平面图

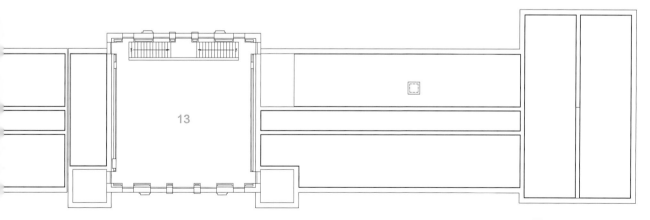

图5.104　五层平面图

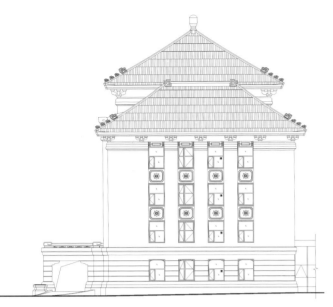
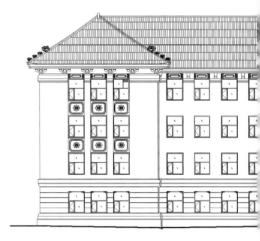

图5.105　南立面图

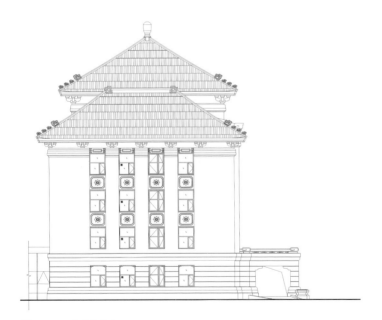

图5.106　北立面图

图5.107 西立面图

0 2 5 10m

图5.108 东立面图

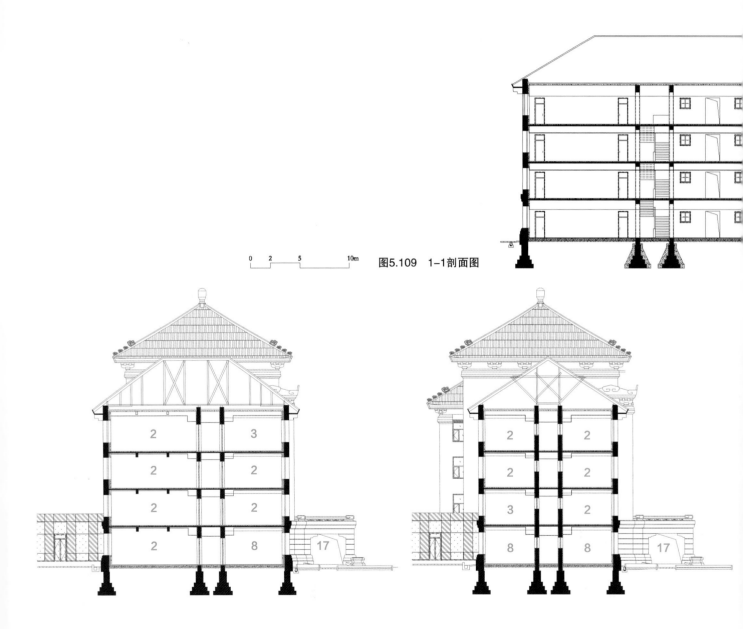

图5.109　1-1剖面图

图5.110　2-2剖面图

图5.111　3-3剖面图

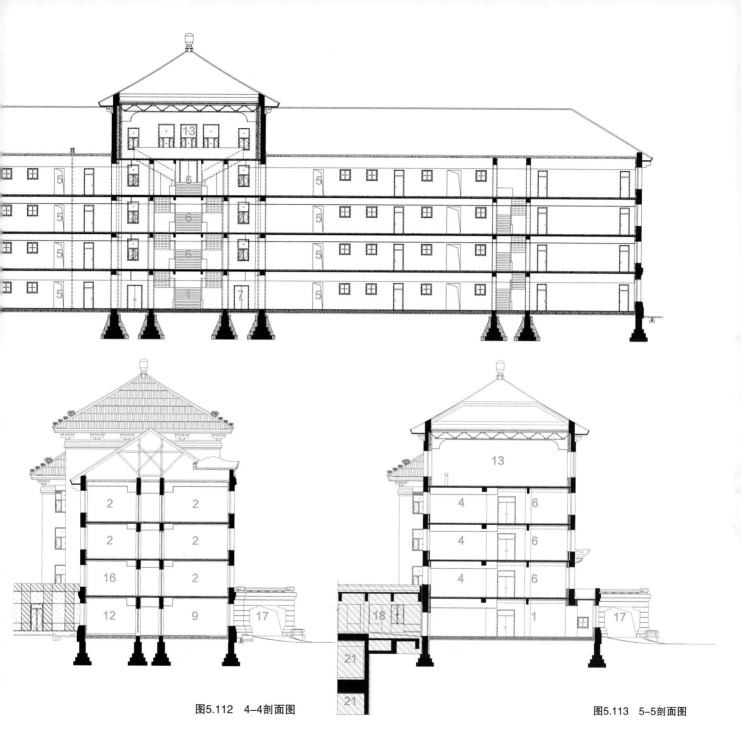

图5.112　4-4剖面图

图5.113　5-5剖面图

图5.114　东北院办公楼南立面点云扫描图

图5.115　东北院办公楼北立面点云扫描图

图5.116　东北院办公楼西立面点云扫描图

图5.117　东北院办公楼东立面点云扫描图

图表索引

*本书中的图表，除标明具体出处外，其余均由中国建筑东北设计研究院有限公司整理提供。

后记

城市的发展固然要从历史走向未来，并在民族文化血脉的赓续中不断开拓前行。但与那些年代悠久的古代遗迹相比，近现代建筑的价值似乎常因建成时间较晚而难以唤醒人们的共识。所幸的是，早在2015年东北院办公楼便入选了市级二类历史建筑，而后又在2020年获批沈阳市文物保护单位，并在中国建筑学会的推介下入选了"20世纪建筑遗产"，从此便可在法律的加持保护下"高枕无忧"。但若非如此，人们还能否正视它的价值，这座陪伴共和国近七十载风雨的老建筑又将何去何从？

曾几何时，"价值"成了决定建筑去留存亡的关键。但我们时常忘记，与那些年代久远的古代遗迹相比，近现代建筑的遗产价值本就大为不同。前者是远去尘封的记忆，正如罗马斗兽场那般，灿烂辉煌尽成过往，早已无法满足现代生活的需要。而后者却是现实于世的建筑，其功能犹在，稍作康复便可重返社会，再现荣光。事实上，很多近现代建筑都是非常优秀的项目，它们早就被人们熟知，并已成为市民身份认同的重要标志。它们尚具活力，也是城市更新的一部分，若能妥善加以利用，也不失为对可持续发展的绝佳回应。那么，对于一座既活在当下又兼具历史的近现代建筑而言，恰如其分

的保护策略就显得至关重要。只有酌情地厘清保护内容与使用需求的复杂关系，方能实现"历史延续"与"活化利用"的辩证统一。

建筑遗产保护的首要问题便是对于"原真性"的体现。但若完全将近现代建筑与古代遗迹的修复混为一谈，却又显得不切实际。对于任何一栋仍具活力的建筑而言，改建与翻修本是平常之事，它发生于建筑使用周期的任何阶段，那么究竟以何阶段为复原标准也就无从定义。事实上，办公楼的原始图纸与历史资料尚有据可查且多数保存完好，但这并不意味我们要完全按其建成的状态作尽数复原。过去近七十年的使用时段内，办公楼也曾历经多次改造。然时过境迁，如今这些改造也都成了曾经发生的历史。不论适宜与否，它们都是特殊历史背景和切实使用需要下的权宜之计。而今，我们所要做的绝非如古代遗迹般近乎苛刻的"古董式"复原，那无疑将是历史的倒退。而是应当立足当下需要，融入更多的灵活思考，对于"要保护什么""要更替什么"逐一甄别、权衡取舍。采取"朽者新之""废者兴之""残者成之"的修复观念理性对待，方能因势而进、固本开新。

早在工程可行性研究阶段，为适应当代大空间

开敞办公需要，有人提出将主楼两翼砖混结构改为现代框架结构体系对办公楼进行加固；建筑外墙水刷石饰面出现局部空鼓脱落和污染，也曾有人建议将其外墙水刷石立面完全拆除重做，以"再现"其建成之时的鼎盛风貌。但几经思虑，终未采纳。那些渐染古色的痕迹或许陈旧，但历尽风雨也都彰显出其独特的身份。连同外墙肌理、装饰纹样无不是对50年代艺术风格与时代印记的忠实体现，已然成为社会公众共同的情感基础。大破大立的"再建"固然能使其焕然一新，却也破坏了建筑本原的形态，割裂了历史的文脉，诚然舍本逐末、矫枉过正了。

可是出于现实使用需要的考虑，又不免要对其功能品质做出提升。消防改造、节能降耗、内装改良及无障碍设计的增设，都是出于现代办公需要做出的更新升级。其目的便是让老建筑延续历史、重拾活力。当然，对于这些更新升级的成效还需以辩证的历史价值观客观看待。毕竟这些近现代建筑遗产建成已近半个世纪甚至百年，虽经现代技术改造，所能达到的预期成效仍较现代建筑存在差异，不可同日而语。办公楼设计建成之时，尚无消防规范。本次修缮虽采取了多种措施，其局部五层空间

仍旧无法满足现行规范要求。因此，我们只能在日常运行中对使用人数进行严格限制，以规避安全隐患。而出于降碳减排和舒适度提升的需要，我们也只得采取内保温方式进行节能改造，以尊重历史原貌、将对建筑外观的影响降至最低。

历史的车轮匆匆而过、城市的更新从未停歇。或许我们从未有过充足的时间驻足思索，来做出最为恰当的抉择。2018年2月办公楼修缮工程正式立项，截至2022年11月圆满结束。近五年的修缮历程，期间也曾受到中建东北院刘克良大师、刘泽生大师、王洪礼、窦南华，沈阳建筑大学陈伯超，哈尔滨工业大学刘大平等多位专家的无私帮助，每次回想不禁慨然感叹。恰逢此书即将付梓之际，抒怀分享，以供探讨。遗漏之处，还恳谅解！

二〇二三年二月

致 谢

中国建筑东北设计研究院有限公司办公楼是迄今保存较为完好的近现代建筑遗产。建筑的成功修缮利用，是中国建筑东北设计研究院与多家合作单位共同努力的结果。书籍编撰期间，曾得到我院同事、质量检测单位同行及文保设计单位顾问专家的多次无私帮助，在此作以特殊说明并表示由衷的感谢。

第一章有关建筑概况与设计解析的概述部分，借鉴了中国建筑东北设计研究院有限公司邹庆堂、李敬等人的相关调查研究。

第二章调查篇相关资料主要由中国建筑东北设计研究院有限公司第一（广州）设计院与沈阳建筑大学提供。其中，郑孝党、乔博就结构安全检测、抗震性能检测、木屋架安全性检测以及消防安全检测提供了十分翔实的数据资料。另外，建筑现状勘测部分均由沈阳建筑大学刘思铎老师亲自撰写，在此表示特别鸣谢。

第三章修缮篇主要由中国建筑东北设计研究院有限公司总承包公司王永红、张宇、赵宏生、纪中秀、张宝栓等提供资料，并经中国建筑东北设计研究院有限公司龙晓涛、邓可、梁斌等进行整理撰写。

第四章技艺篇资料均由相关技术或检测负责人提供。其中，BIM与GIS数字化技术部分由中国建筑东北设计研究院有限公司数字化设计研究院张伟撰写；结构加固技术研发部分资料由中国建筑东北设计研究院有限公司创新技术研究院陈勇提供；红外热像检测技术部分由辽宁省建设科学研究院有限责任公司宋东辉、王澈整理提供；外墙清洗技术部分由中国建筑东北设计研究院有限公司总承包公司张宇整理提供。

最后，还需特别感谢中国建筑东北设计研究院有限公司党建工作部刘芳绮，第一（广州）设计院刘成钰，总承包公司陈刚、孙博等对办公楼修缮设计图纸、照片等资料的精心梳理。对于大家的付出与贡献，在此致以诚挚的谢意！